地質図学演習

岡本 隆・堀 利栄 著

古今書院

はじめに

　地表に分布する岩体や地層の状態を地形図の上に表現したものを地質図という。地表付近は表土や植生に覆われて直接観察できないことが多いので、地質図を描くにあたって我々は、(1)野外調査によって限られた数の露頭を観察し、(2)その情報に基づいてひとつの地質のモデルを立てることになる。モデルが立ったならば、(3)複雑な起伏を為す地表面に現れる地質の境界を地形図という平面に投影して地質図が描かれる。地質図学とは、野外調査で得た地質の情報を統合し地質の境界線を地形図上に作図するまでの技術一般を指すから、この3段階の地質図作成プロセスのうち後2段階に寄与することになる。したがって、地質図学には、ある場所で得た地質の情報から別の場所の状態を推測するという予測的な側面と、ある範囲内で推定された地質のモデルを地形図の上に表現するという技法的な側面の、二つの役割がある。

　地質モデルが決まった後それを地形図の上に表現する技法としては、地質図学は確立されたものである。そこでこの演習帳の前半部では、特定の地質モデルが与えられた場合に地質境界を作図するという、地質図学の基礎的な技法の習得のための演習問題を主体としている。例えば、もし地質の境界を平面とみなせるなら、1地点において境界を確認しその走向と傾斜を測れば地質図を描くことができる。しかし、範囲内に断層があれば、断層とそれを挟む両側の地点の計3点における情報が必要になってく

る。実際に調査を行う地域の地質はもっとずっと複雑であるに違いないが、合理的な地質のモデルを立てるためには、そのモデルの複雑さに応じて最低限必要な情報の量が決まってくるはずである。地質図学は、その量を教えてくれる。

　この演習帳では、また、断層、褶曲、不整合といった代表的な地質構造が登場する。地形図上への作図を通してこれらを実物大のスケールとして把握し、それらのもつ属性を決定するためには、野外においてどのような情報を取得することが必要なのかを理解してもらえればと思っている。

　ステレオネットの基本操作の解説と簡単な演習問題を後半部に載せた。ステレオ投影の原理と手法は、地質構造などを定量的に示すために必要なだけでなく、野外において構造を考えながら調査を進める際に非常に役に立つ。是非とも修得されたい。

　最後に、ルートマップから柱状図を作成し、最終的に地質図を完成させるまでの過程を模した演習問題を用意した。ここでは、実際に我々が地質図を作っていく際に遭遇する数々の問題の模倣を試みている。

　この演習問題を通じて地質図学に係る技術を修得したとしても、実際に野外に出て地質図を作れるようになるかというと、現実はそう安直なものではな

いかもしれない。地質図の出来、不出来は、露頭を前にして妥当なデータを取れる調査者の眼に強く依存するためである。しかし、この部分は、地質図学でカバーできる範囲を大幅に越えているし、机とその上に乗る物だけを材料に如何に知恵を絞っても我々にはどうすることもできない。良き師や先輩について各人が実地の経験を積む以外、目下のところ手がないであろう。一枚の地質図が作られるまでには、どのようなプロセスが踏まれているのか、それを通じて、地質図学によって何ができ何ができないのかを正しく理解してもらえれば幸いである。

　この演習帳をつくるに当たって、愛媛大学地球科学教室の榊原正幸博士および奈良正和博士には、実際に演習問題の一部を解いて頂き、細部にわたるまで数々の建設的なご意見をいただいた。また、徳島大学教授村田明広先生には、出版にむけての励ましと構造地質用語に関するご助言をいただいた。本冊子の出版に当たっては神戸大学元教授の杉村　新先生と古今書院の関田伸雄氏にひとかたならぬお世話を受けた。末筆ながら、以上の方々に心より感謝の意を表する。

平成14年9月　　岡本　隆・堀　利栄

目 次

はじめに　この演習帳のねらい

I 地形

1. 地形図と景色（解説）
2. 尾根線の作図（演習）
3. 扇状地地形（演習）
4. 段丘地形（解説・演習）

II 地層境界線

5. クリノメーターの使い方（解説）
6. 地層境界線の原理と作図（解説）
7. 様々な傾斜をもつ地層境界（演習）
8. 平面で近似される地層境界（演習）

III 地質断面図

9. 地質断面と見かけの傾斜（解説）
10. 見かけの傾斜（演習）
11. 地質断面図（演習）

IV 断層

12. 断層の種類（解説）
13. 断層による変位（演習）
14. 複雑な断層系を有する地質図（演習）
15. 垂直な断層と傾斜不整合（演習）

V 不整合

16. 不整合の種類（解説）
17. アバットしている不整合（演習）
18. 三点図法による作図（解説）
19. 傾斜不整合（演習）
20. 基底礫岩と不整合面（演習）

VI 褶曲

21. 褶曲の形態（解説）
22. 褶曲した地層境界（解説）
23. 褶曲した地層の作図1（演習）
24. 褶曲した地層の作図2（演習）

VII 地形と地質

25. 地質を反映した地形（解説）
26. 第四系が形づくる地形（演習）
27. 地形を利用した地質図の補正（演習）
28. 地形を利用した作図（演習）

VIII ステレオネットの活用

29. ステレオネットの使い方（解説）
30. 面構造と線構造（解説）
31. 応力場の復元（演習）
32. 褶曲の解析（演習）
33. 古流向の復元（演習）

IX ルートマップから地質図まで

34. 岩相境界と等時間面（演習）
35. 柱状図の作り方（解説）
36. ルート柱状図の対比（演習）
37. ルートマップから地質図へ（演習）

1. 地形図と景色

これといった目標物のない山の中で現在自分の立っている位置を地形図の上に特定することは、初心者にとってはとても難しい。このような場合の位置の特定には、地形図の等高線から実際の地形の状態を復元するだけでなく、特定の地点に立った時に景色として山の稜線や谷線がどのように見えるかということを、頭の中で瞬時に変換して、現に見えている景色と比べるということが必要なためである。熟練した者にとっては無意識にやってしまうことではあるが、幾何学的にはどのような作業なのかを考えてみよう。

地形図上のある地点Oから山を見わたした時、Oを通る直線と等高線との接点付近が山の端や尾根筋として見える。したがって、その点の方角と仰角を求めることによって、Oから見える山の形を作図することができる。これはいわばパノラマ図法であり、方角・仰角の代りにこれらの正接(tan)をもって表したものが、遠近図法になる。

[方角:31.0°, 距離:195.1m]

[19.5°, 177.5m]

[25.0°, 119.3m]

[9.6°, 161.7m]

[12.3°, 121.7m]

20m

30m

40m

46m

[4.0°, 145.6m]

A

[0°, 142.5m]

[-2.8°, 135.2m]

[-6.1°, 131.6m]

20m

O

方角

仰角

N

0   50m

A

標高差20m

仰角8.0°

O

距離142.5m

2. 尾根線の作図

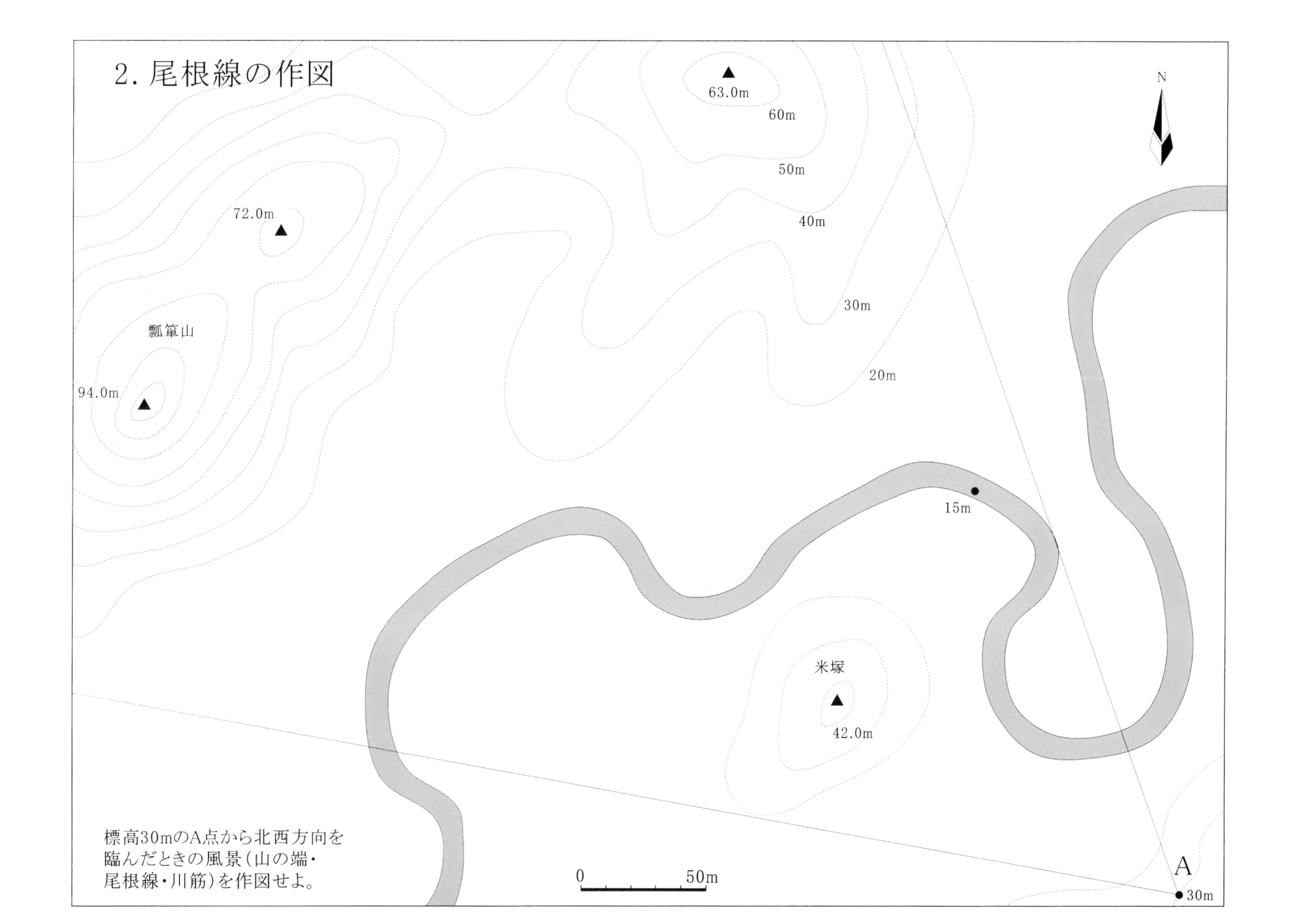

標高30mのA点から北西方向を臨んだときの風景（山の端・尾根線・川筋）を作図せよ。

3-1.扇状地地形

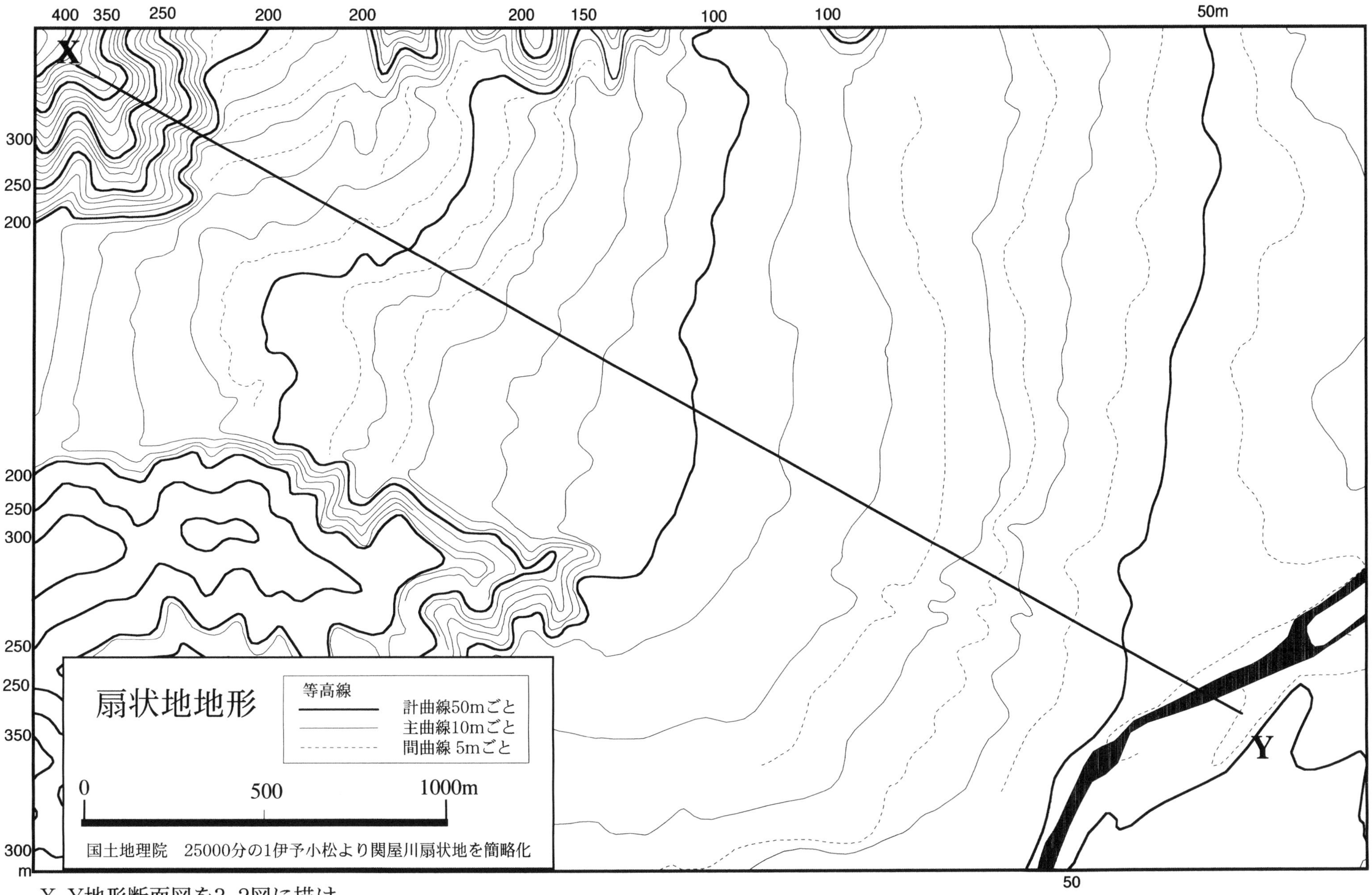

400	350	250	200	200	200	150	100	100	50m

扇状地地形

等高線

計曲線50mごと
主曲線10mごと
間曲線 5mごと

0　　　　　　　500　　　　　　1000m

国土地理院　25000分の1伊予小松より関屋川扇状地を簡略化

X－Y地形断面図を3-2図に描け.

地形断面図 1:1
(縦：横)

X　　　　　　　　　　　　　　　　　　　　　　　　Y

地形断面図 4:1
(縦：横)

500 m
400
300
200
100
0

3-2.扇状地地形断面図

補足：地形図の記号

等高線の種類

種類		25,000分の1	50,000分の1
計曲線	————	50m	100m
主曲線	———	10m	20m
補助曲線	- - - - - - -	5m	10m
補助曲線	··············	2.5m	5m

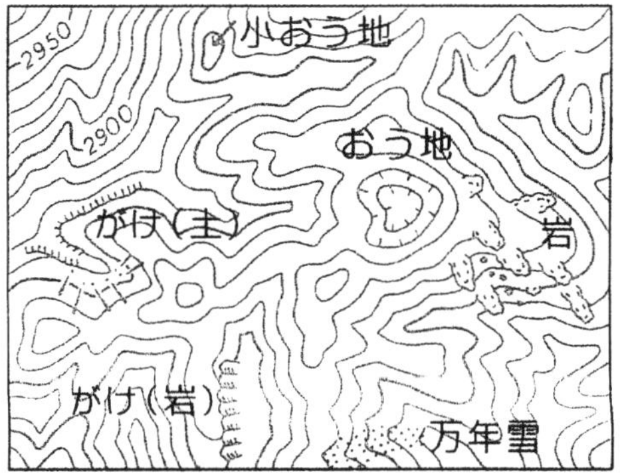

特殊等高線

崖や窪地また岩場などは特殊な記号で表わされる.

土地利用記号

田		広葉樹林	
畑·牧草地		針葉樹林	
果樹園		はいまつ地	
桑　畑		竹　林	
茶　畑		篠　地	
その他の樹木畑		やし科樹林	
		荒　地	

土地利用は地形の特徴によって大きく変わる.

4-2の海岸段丘面での土地利用は特徴的である. なぜそのような土地利用になるか考えてみよう.

温　泉·鉱　泉
採　鉱　地
採　石　地

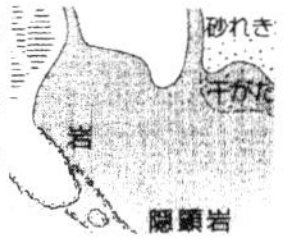

砂れき
泥岩
岩
隠顕岩

————→ 送　電　線

△52.6　三　角　点　·124.7 標石のあるもの
△　電子基準点　標高点
□21.7　水　準　点　·125 標石のないもの

地質調査でよく利用する記号.

送電線は、山岳地域での調査時に現在位置確認の目安になる.

＊国土地理院発行2万5000分の1の地形図の凡例を部分引用.

4. 段丘地形

海岸や河岸もしくは湖岸に，周囲の地形と比べて不連続に高い平坦面をもち卓状または階段状に発達した地形を段丘（terrace）と呼ぶ．

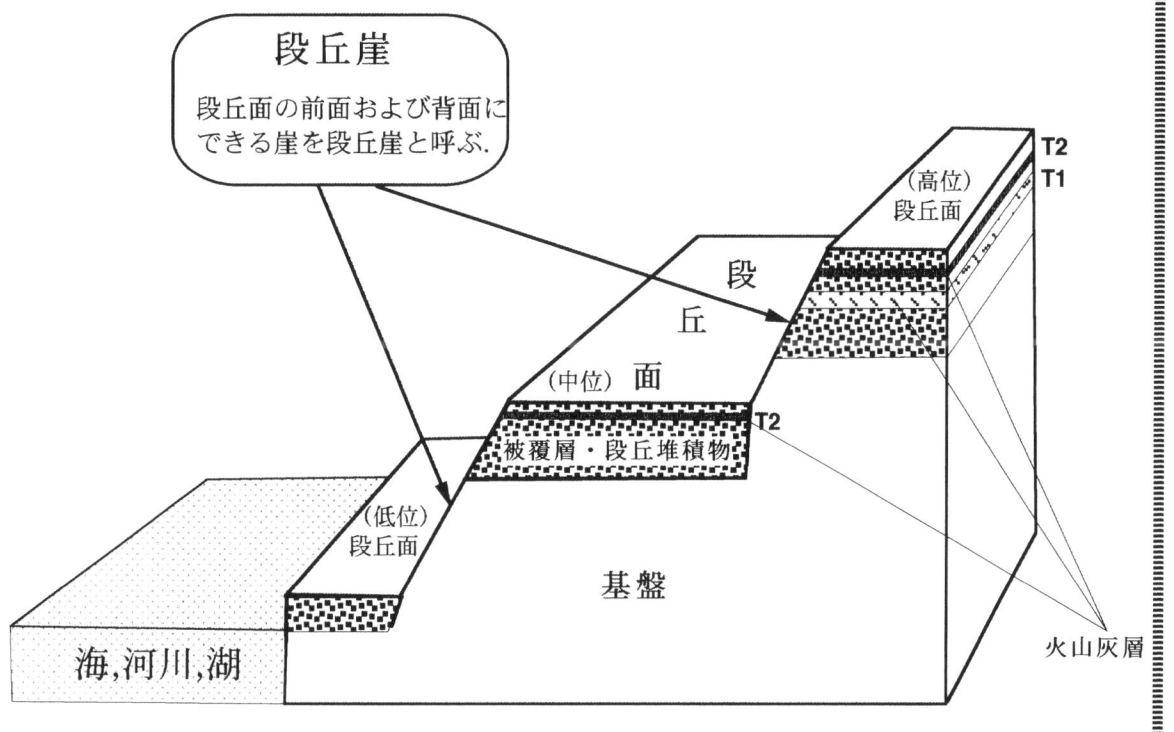

段丘崖
段丘面の前面および背面にできる崖を段丘崖と呼ぶ．

（高位）段丘面
（中位）段丘面
（低位）段丘面
段丘面
被覆層・段丘堆積物
基盤
海，河川，湖
火山灰層
T1
T2

段丘の種類

段丘は，発達場所による名称と形成要因による名称とがある．
例えば，河岸に発達する段丘は，河岸段丘と呼ばれ，
河の営力によって形成された段丘は，河成段丘と呼ばれる．

場所別	要因別
河岸段丘	河成段丘
海岸段丘	海成段丘
湖岸段丘	湖成段丘
	（他に珊瑚礁段丘）

段丘の形成

段丘の形成は，地盤の隆起や海水準の低下による海岸・河川等の侵食力の増大によっておこる．

局所的には，河川が蛇行していく過程で段丘地形が発達する場合がある（例4-1）．

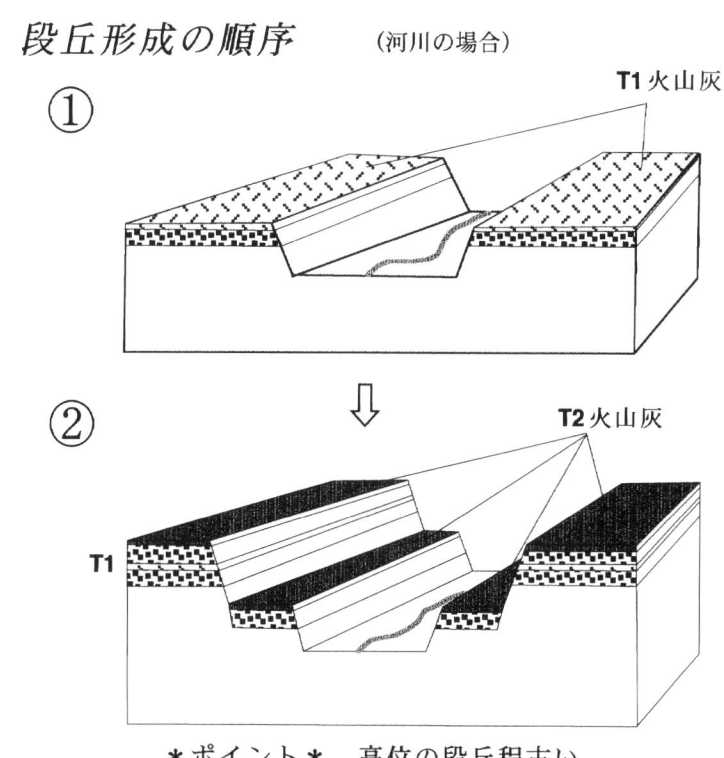

段丘形成の順序　（河川の場合）

① T1火山灰

② T2火山灰　T1

＊ポイント＊　高位の段丘程古い

多くの段丘では，氷河性海面変動による水位の変化と地殻変動による地盤の隆起が組合わさって形成されている．

4-1. 河岸段丘地形

次の地形図上にみられる河岸段丘地形を着色せよ.

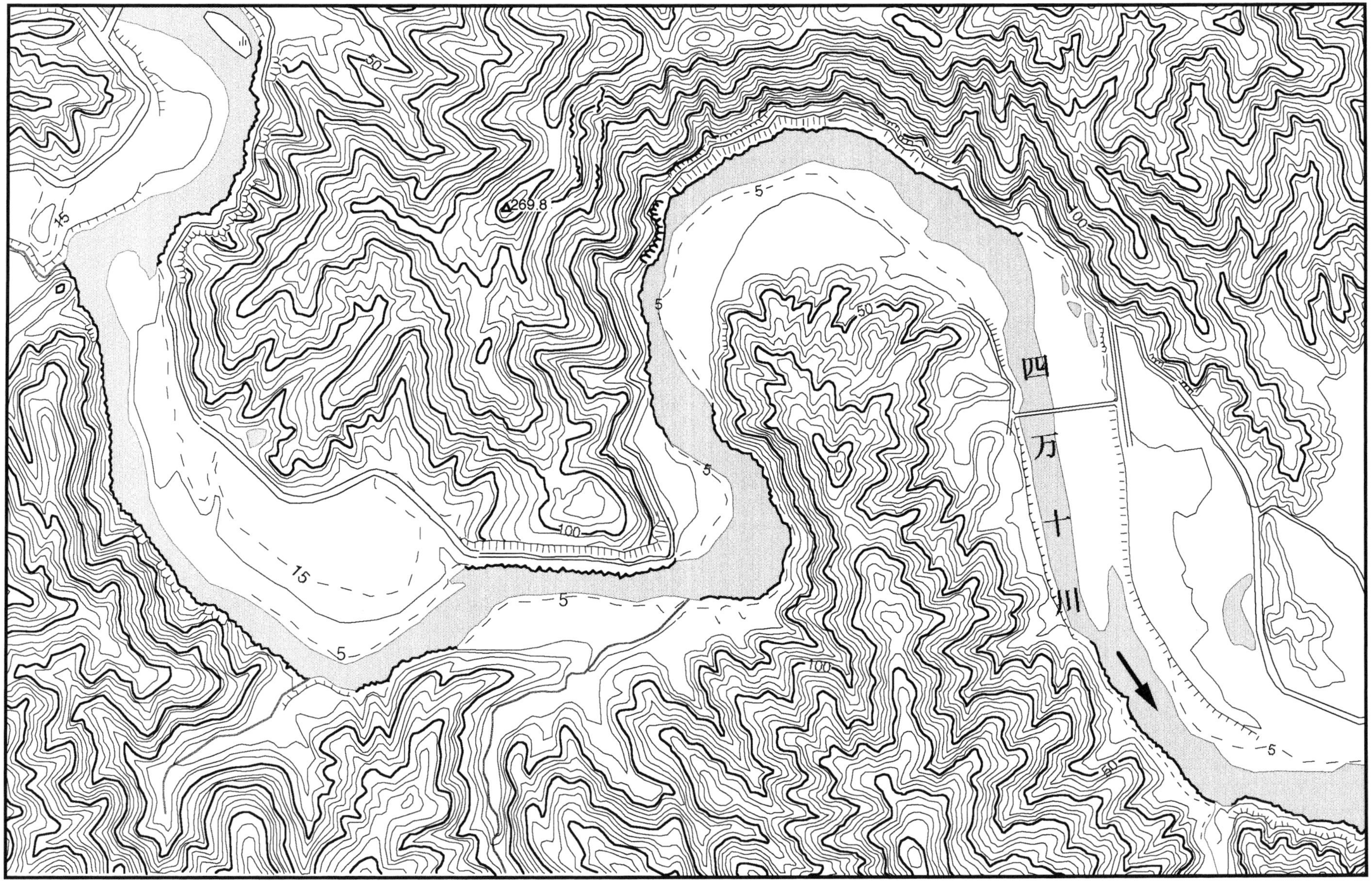

国土地理院発行2万5千分の1地形図「千がたけ」平成29年6月1日発行および国土地理院平成2年10月1日発行地形図の一部分を縮小した.

4-2. 海岸段丘の読図

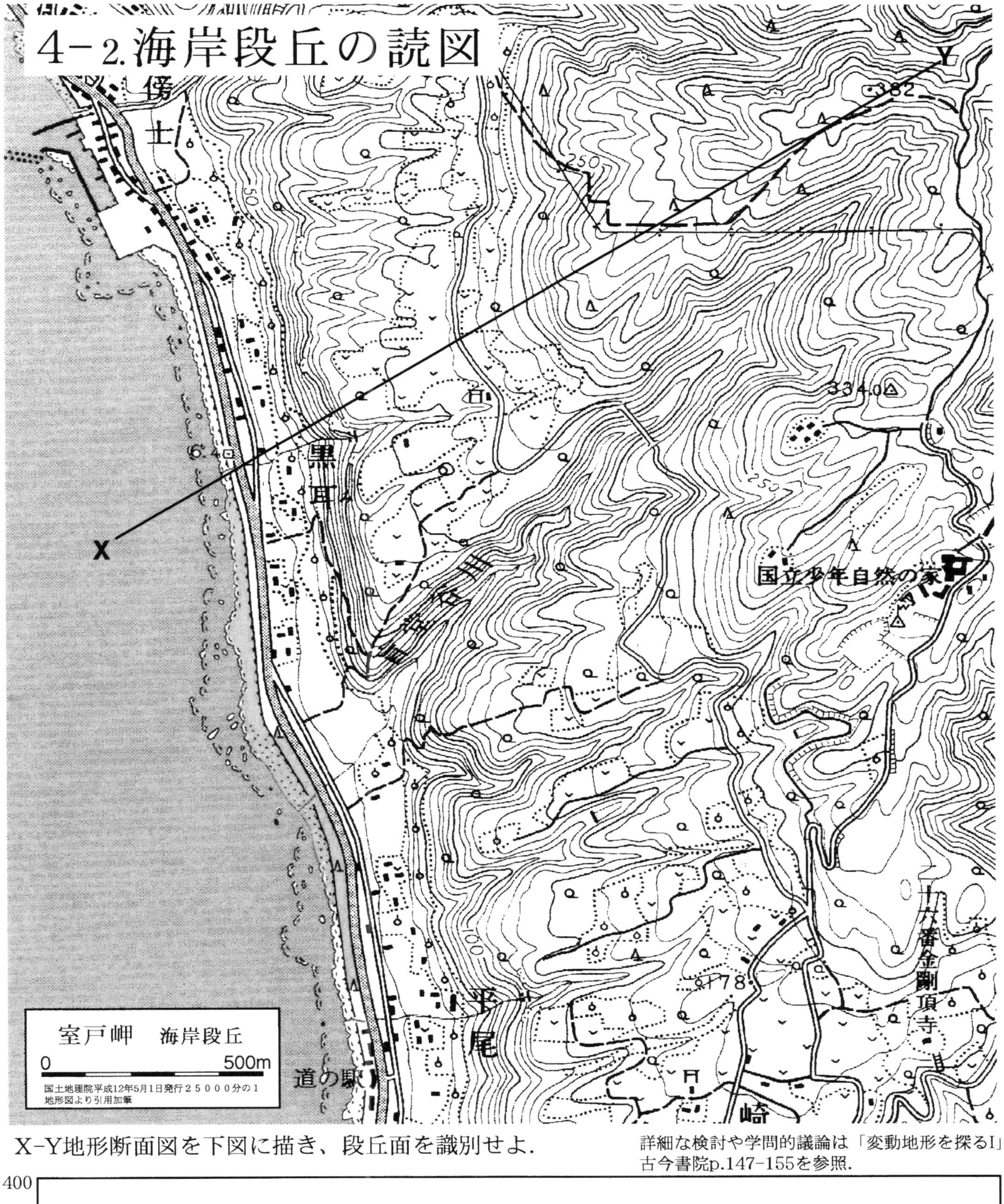

室戸岬 海岸段丘

国土地理院平成12年5月1日発行2万5000分の1
地形図より引用加筆

X-Y地形断面図を下図に描き、段丘面を識別せよ。

詳細な検討や学問的議論は「変動地形を探るⅡ」
古今書院 p.147-155を参照。

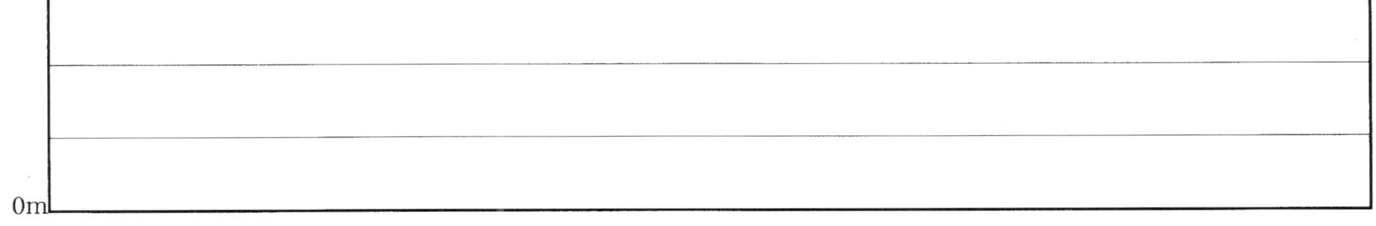

5. クリノメーターの使い方

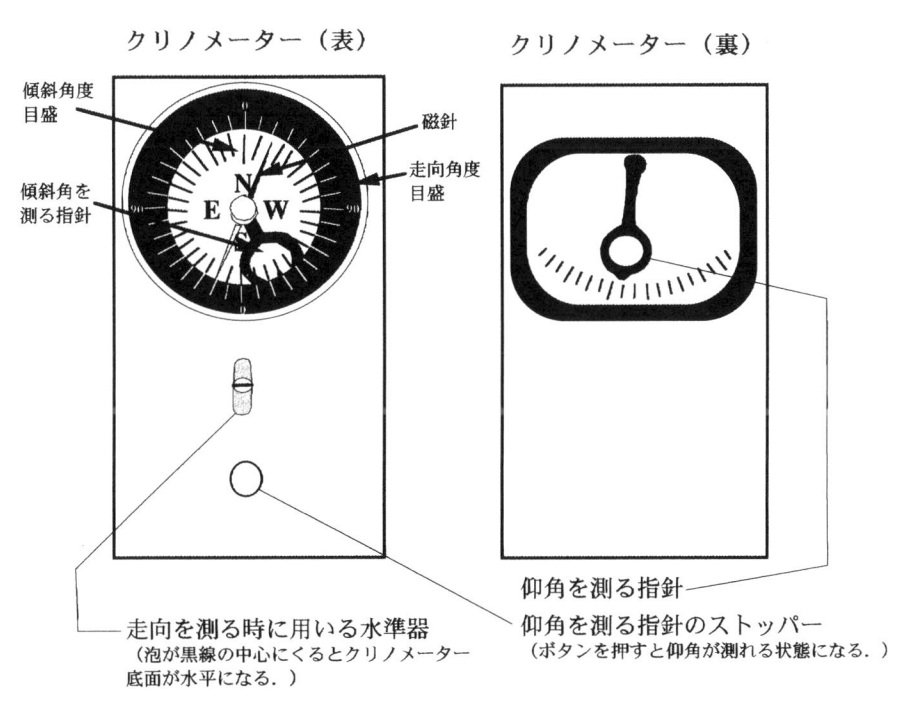

クリノメーター（表）

- 傾斜角度目盛
- 磁針
- 傾斜角を測る指針
- 走向角度目盛
- 走向を測る時に用いる水準器（泡が黒線の中心にくるとクリノメーター底面が水平になる．）

クリノメーター（裏）

- 仰角を測る指針
- 仰角を測る指針のストッパー（ボタンを押すと仰角が測れる状態になる．）

走向の測定

クリノメーターを水平に保ちながら、その長辺（稜）を測りたい面にあてる．クリノメーターを水平にするためには、水準器の泡を中央の黒線にあわせるとよい．この状態で磁針の示す角度を外側文字盤のN側から読む．
角度はN○○°EまたはN○○°Wで示される．（左図の場合、走向はN20°Wとなる．）
※このときに面の傾斜の向きが，北落ちか南落ちか確認しておく．
※なぜクリノメーターのEWは逆に書いてあるのだろうか？

傾斜の測定

走向を測定した線に垂直にクリノメーターの長辺（面）をあて，黒い針の示す角度を内側の目盛りで読む．傾斜角は，先に判断しておいた面の傾斜している向きを踏まえて大きく○○°Nまたは○○°Sで表す．
※走向がほとんどN-S方向だった場合には、例外的に傾斜は東または西落ちになる．
　この場合は、○○°Eまたは○○°Wで表わす．
※内側に書いてあるNESWは傾斜角を読むさいには使わない．

地図における面構造の記号

長線は，実際の走向の方向に合わせて地図上にひき（このとき偏角補正を忘れないこと），短線は傾斜方向につけ，傾斜角度を線の傍らに書く．

- 30 層理面
- 片理面

特殊な面構造
- 垂直
- 水平

面構造の測定

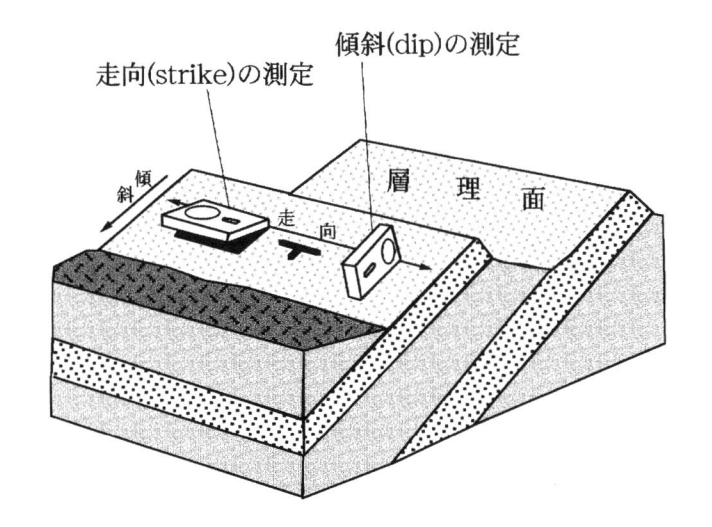

- 走向(strike)の測定
- 傾斜(dip)の測定
- 層理面
- 走向
- 傾斜

線構造の測定

- 線構造
- プランジ
- 方位(trend)
- レイク
- 走向

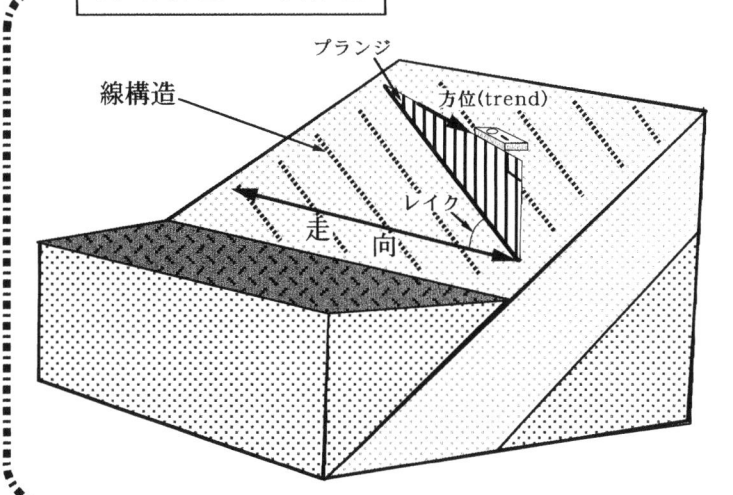

ある面上に線構造が発達するとき，クリノメーターを使ってトレンドとプランジを直接測ることもできるが，面の走向線と線構造とのなす角（レイク, rake）を分度器を用いて測るとよい．
この場合には、ステレオネットを用いてトレンド・プランジを求めることになる．
No.30参照

6-1. 地層境界線の原理と作図

ある地点Aで砂岩層と泥岩層の境界が観察されたとき、この境界面は地表面とどのように交わるだろうか？

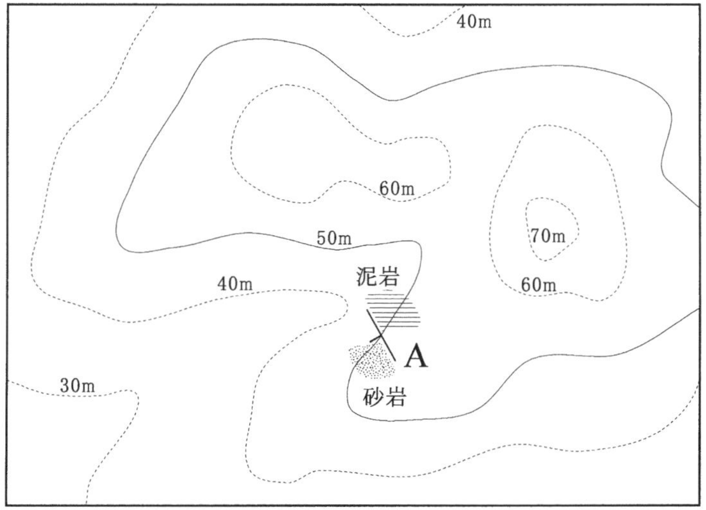

地形等高線

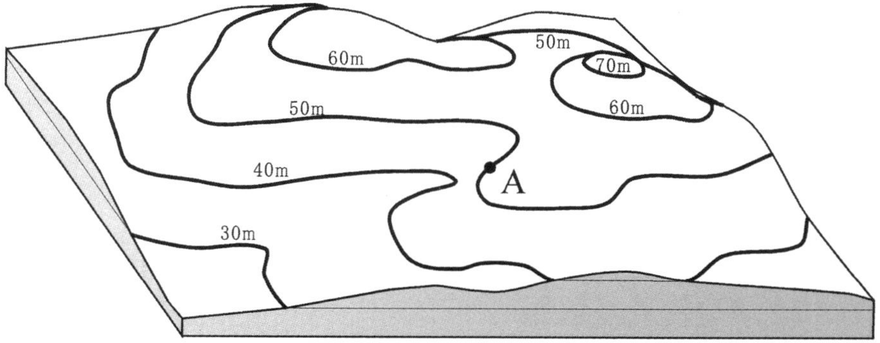

地形図の上では、地形という曲面はそれぞれ同じ標高の部分を線で結んだ地形等高線によって示されている。

地層等高線

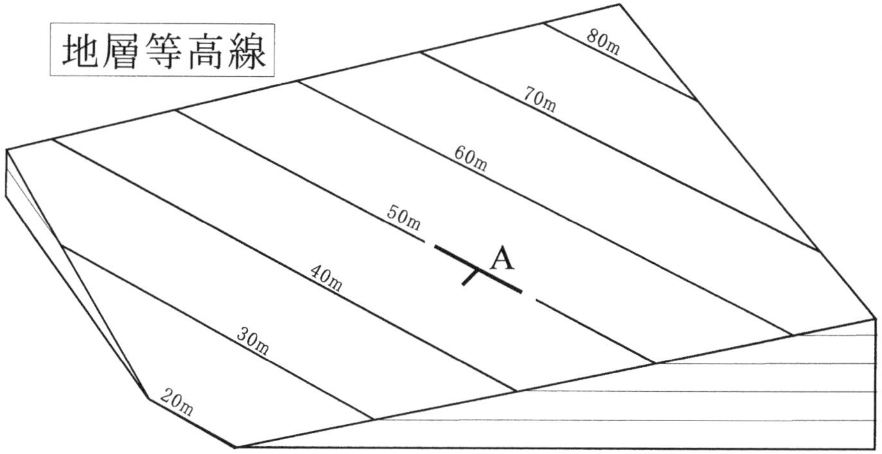

地層の境界面に関しても、別の等高線を用いることで地形図の上に表すことができる。これを地層等高線と呼ぶことにする。もし境界面を平面とみなせるならば、地層等高線は地形図上に平行かつ等間隔に表わされる。これらの方向は境界面の走向に一致し、間隔は境界面の傾斜と地形図の縮尺から決められる。そして、地点Aを通る地層等高線の高さは地表面の標高に一致する。

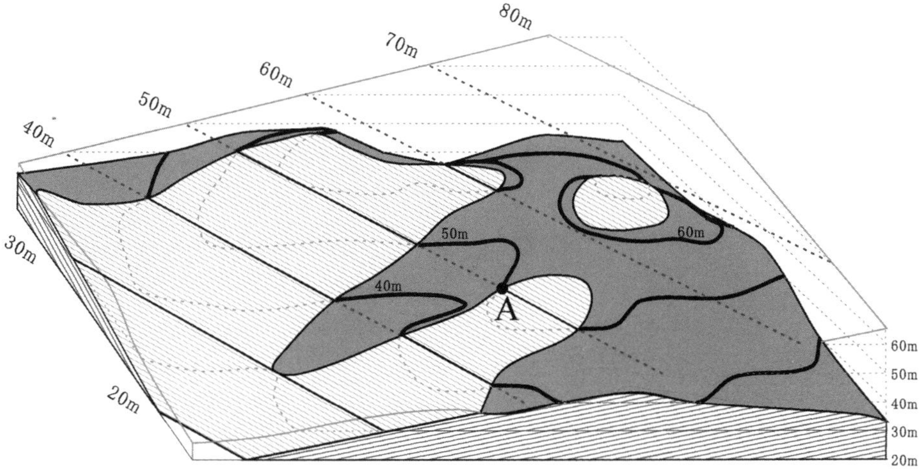

地形等高線と地層等高線を合わせて描いてみると、同じ高さの地形・地層等高線が交わる場所では必ず境界が地表に露出することが分かる。

6-2. 地層境界線の原理と作図

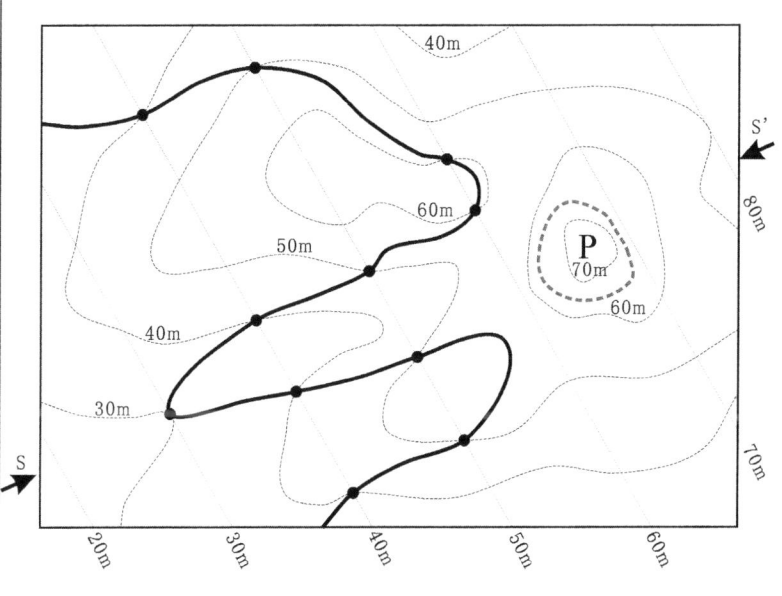

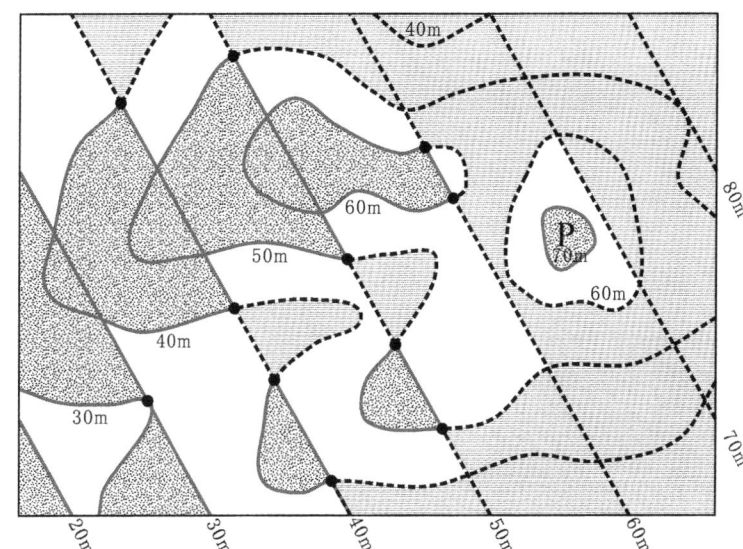

最も簡便な作図法として、以下の3つのルールに従って境界を引く方法がある。

1. 求める境界線は、同じ高さの地形・地層等高線が互いに交わる全ての地点で両者に交わる。
2. 境界線は、また、同じ高さの地形・地層等高線が互いに接する全ての地点で両者に接する。
3. 上の点以外の場所では境界線はいかなる等高線とも交わりも接しもしない。

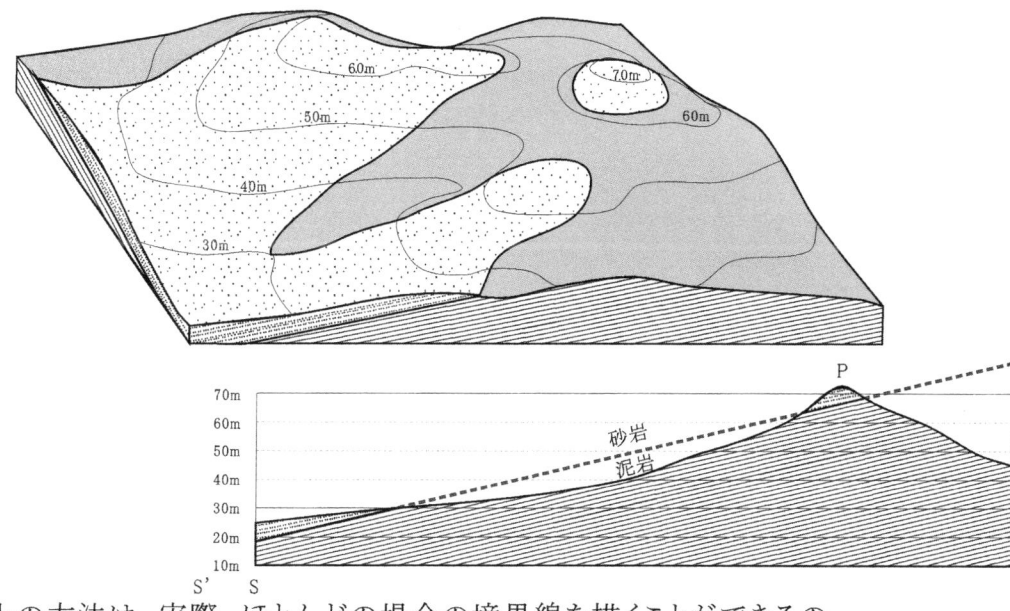

上の方法は、実際、ほとんどの場合の境界線を描くことができるのだけれども、完全ではない。これだけでは、例えば、P点の周りに境界線があることに気が付かないかも知れない。ではどのように考えれば、この孤立した境界線の存在を認識できるだろうか。

左の図を参考に考えてみよう。

答え

7.様々な傾斜をもつ地層境界

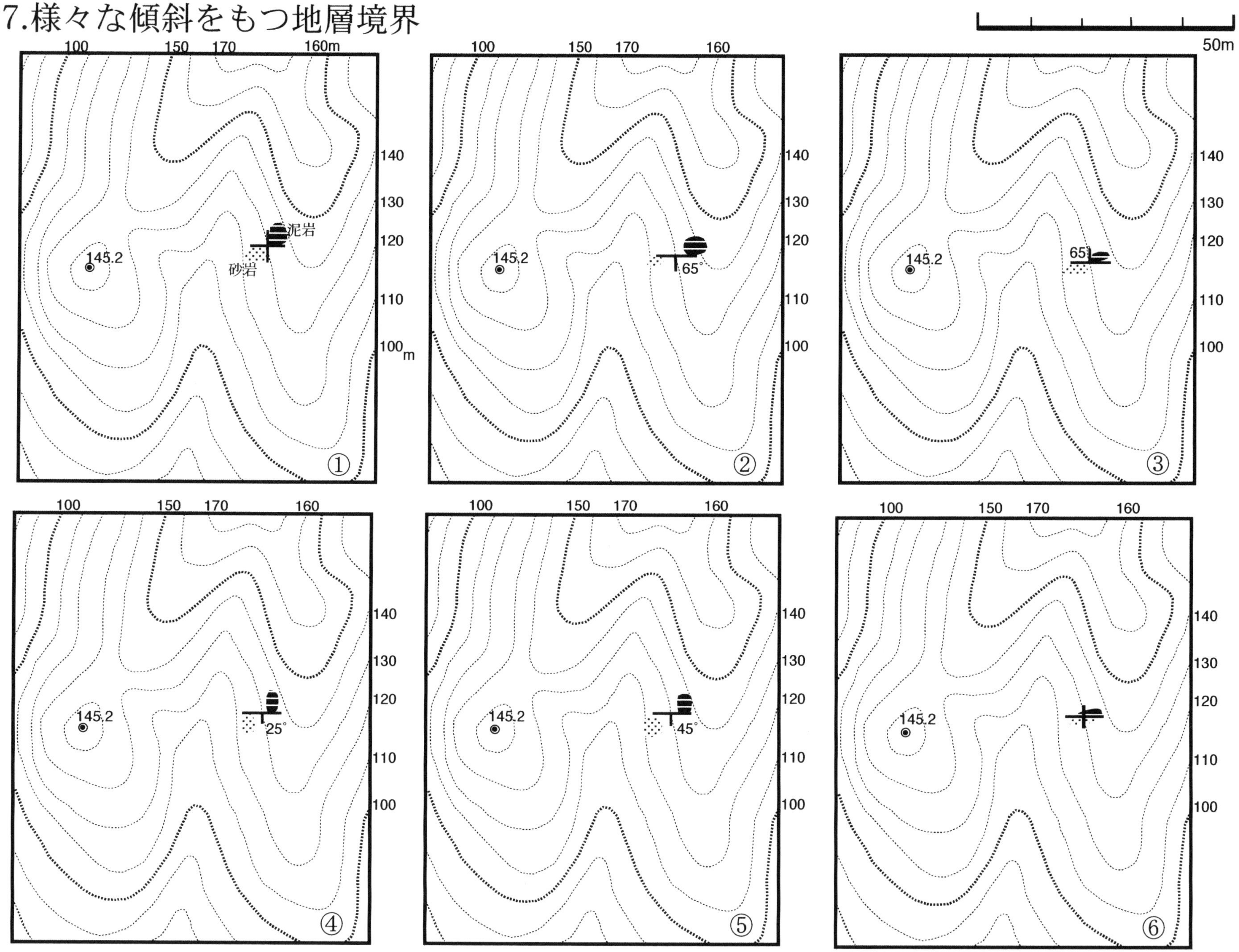

50m

① 泥岩 砂岩 145.2

② 145.2 65°

③ 145.2 65°

④ 145.2 25°

⑤ 145.2 45°

⑥ 145.2

8. 平面で近似される地層境界

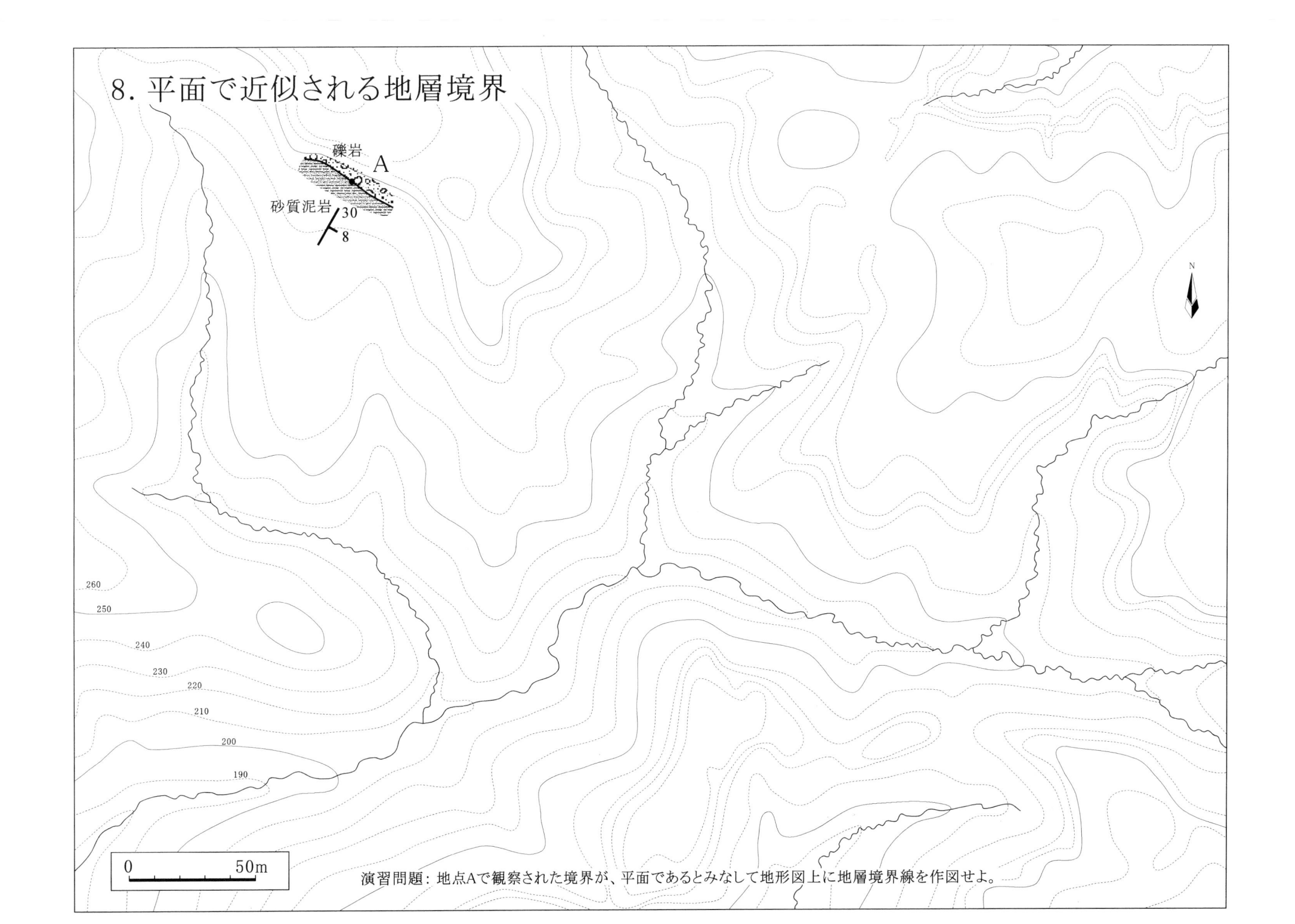

礫岩
A
砂質泥岩 30
       8

0   50m

演習問題：地点Aで観察された境界が、平面であるとみなして地形図上に地層境界線を作図せよ。

9. 地質断面と見かけの傾斜

地質断面と層理面が斜交している場合
層理面の傾斜角は、実際の傾斜角より小さくみえる．
これを"見かけの傾斜角"という．

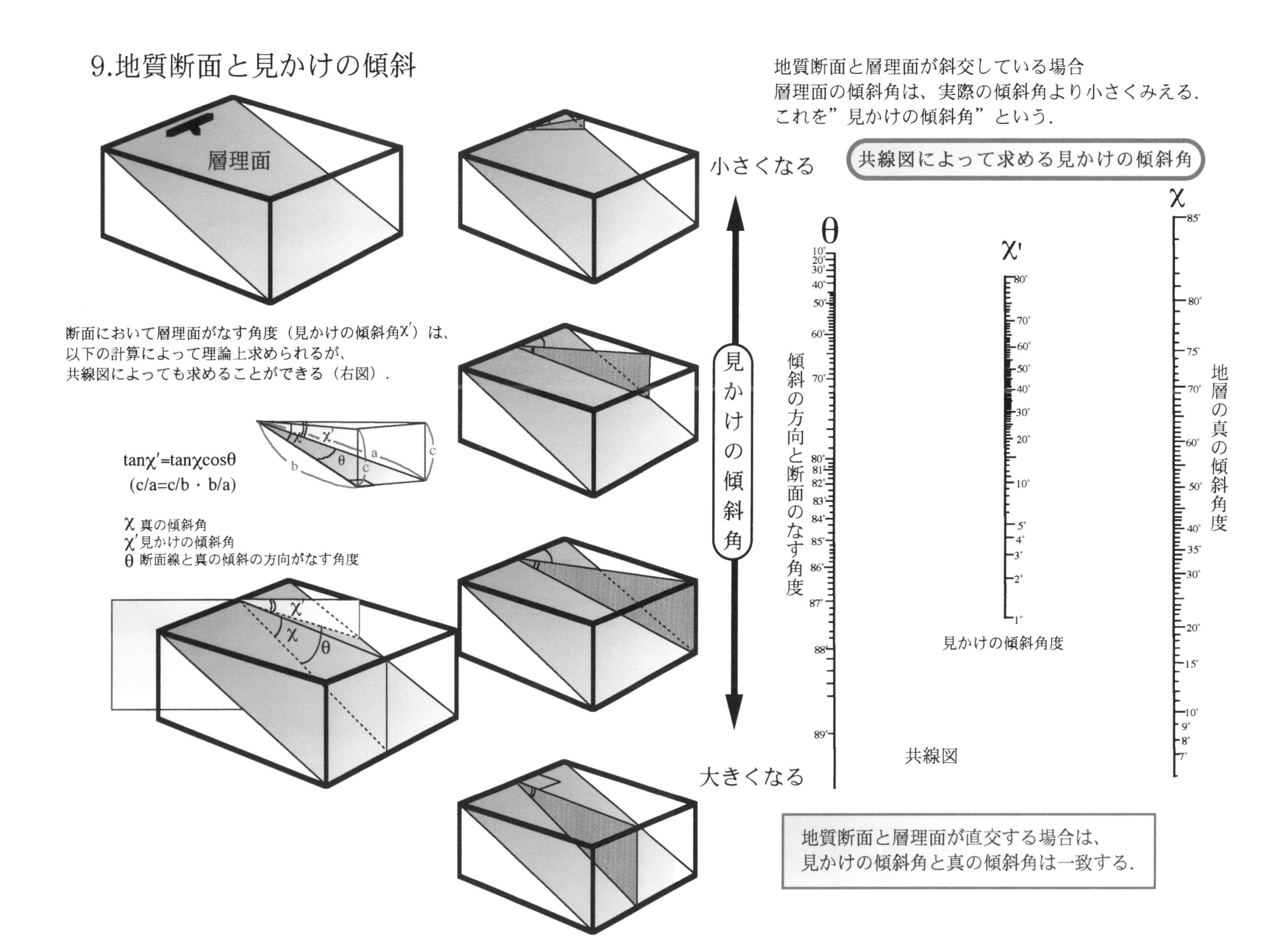

層理面

小さくなる

見かけの傾斜角

大きくなる

断面において層理面がなす角度（見かけの傾斜角χ'）は、以下の計算によって理論上求められるが、共線図によっても求めることができる（右図）．

$$\tan\chi' = \tan\chi \cos\theta$$

(c/a = c/b · b/a)

- χ 真の傾斜角
- χ' 見かけの傾斜角
- θ 断面線と真の傾斜の方向がなす角度

共線図によって求める見かけの傾斜角

θ 傾斜の方向と断面のなす角度

χ' 見かけの傾斜角度

χ 地層の真の傾斜角度

共線図

地質断面と層理面が直交する場合は、見かけの傾斜角と真の傾斜角は一致する．

10.見かけの傾斜

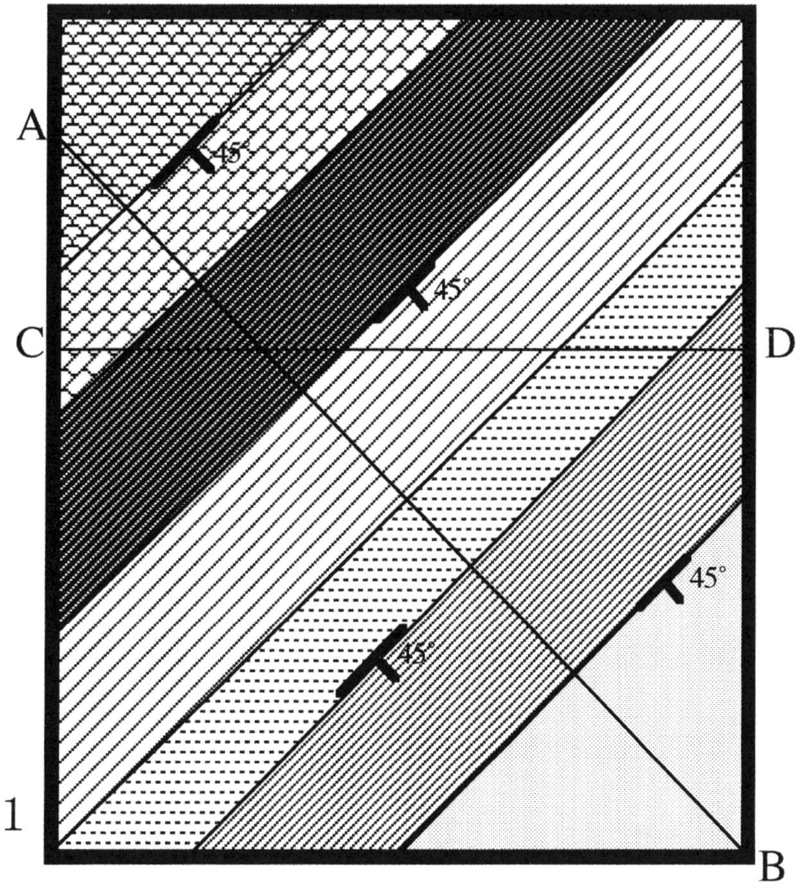

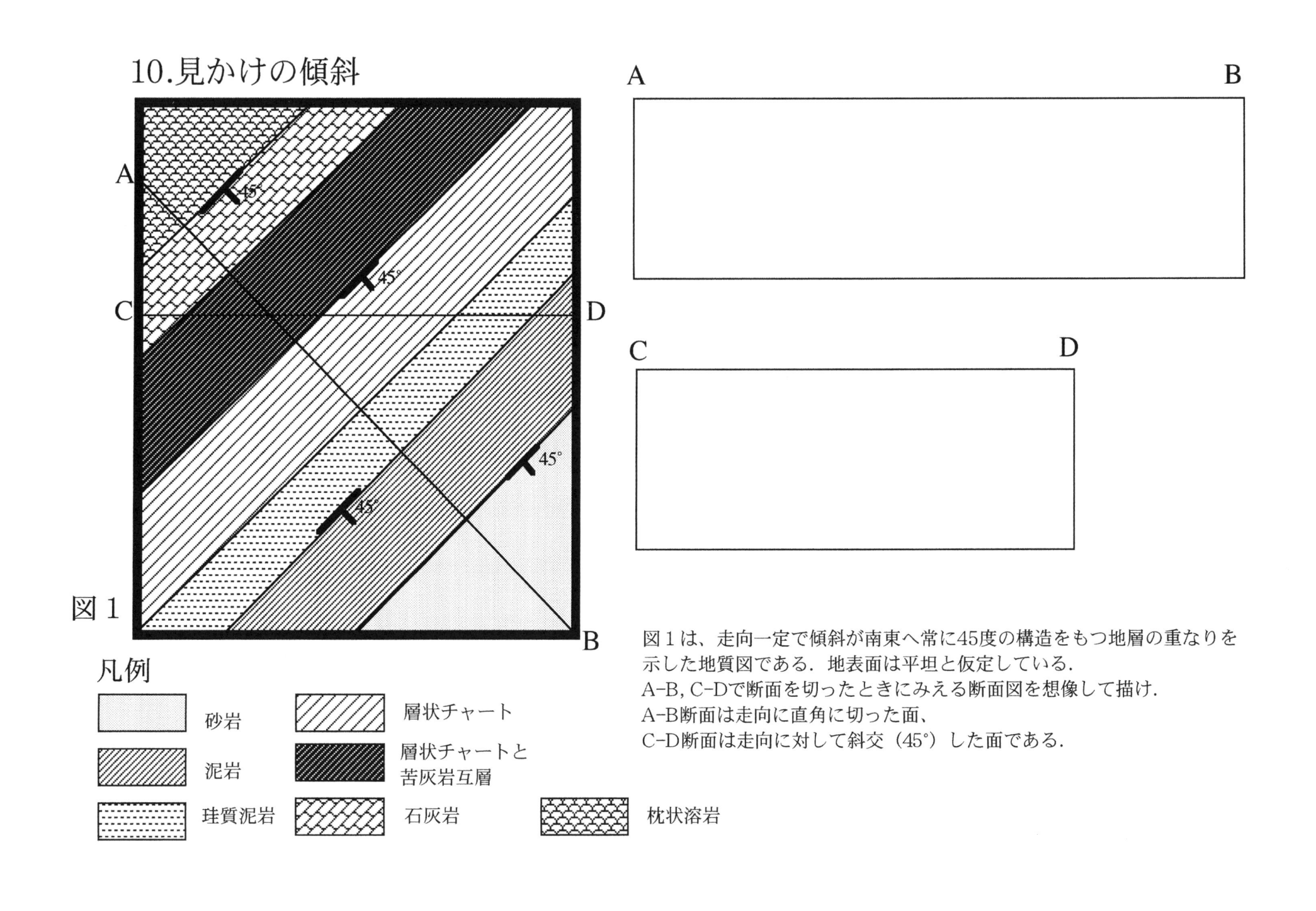

図1

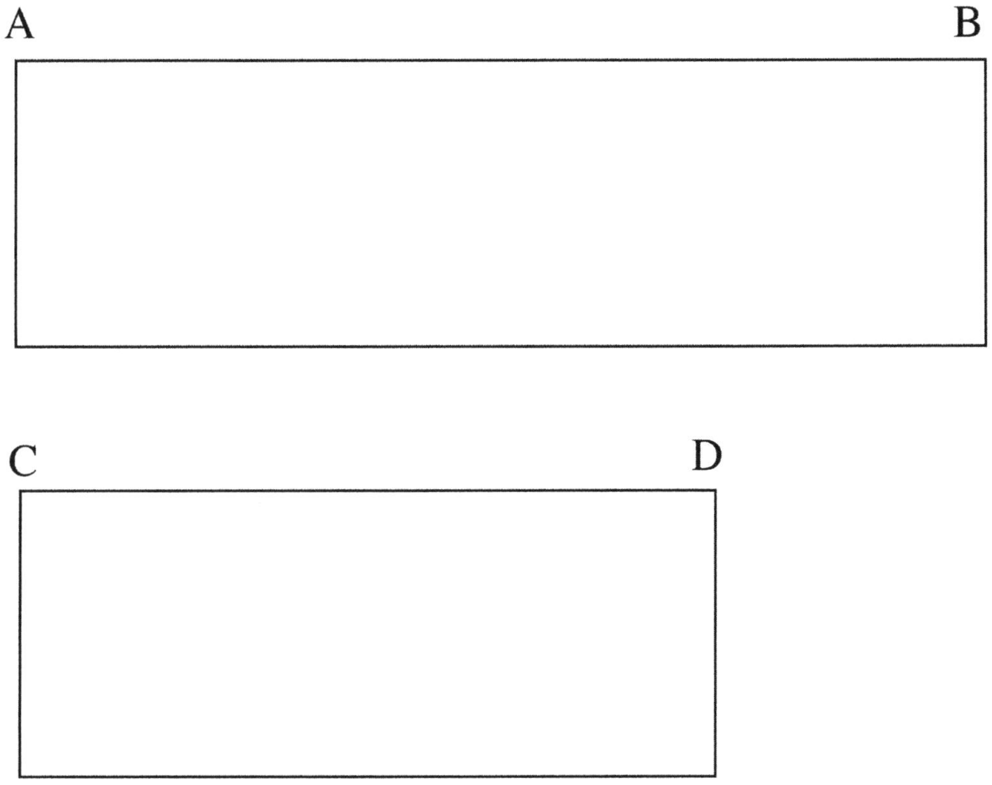

凡例

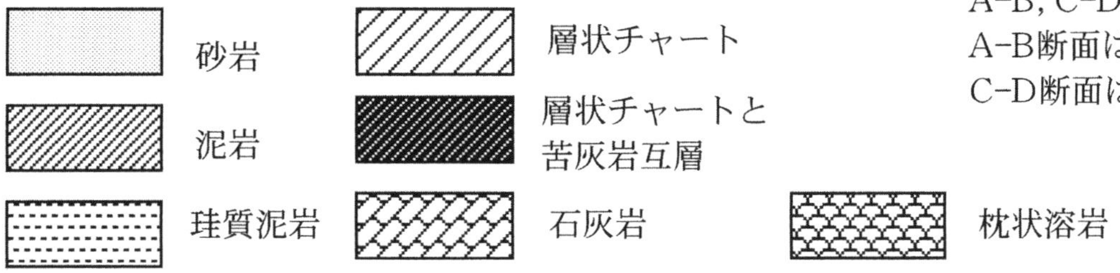

砂岩	
泥岩	
珪質泥岩	

層状チャート	
層状チャートと苦灰岩互層	
石灰岩	

枕状溶岩

図1は、走向一定で傾斜が南東へ常に45度の構造をもつ地層の重なりを示した地質図である．地表面は平坦と仮定している．
A-B, C-Dで断面を切ったときにみえる断面図を想像して描け．
A-B断面は走向に直角に切った面、
C-D断面は走向に対して斜交（45°）した面である．

11. 地質断面図

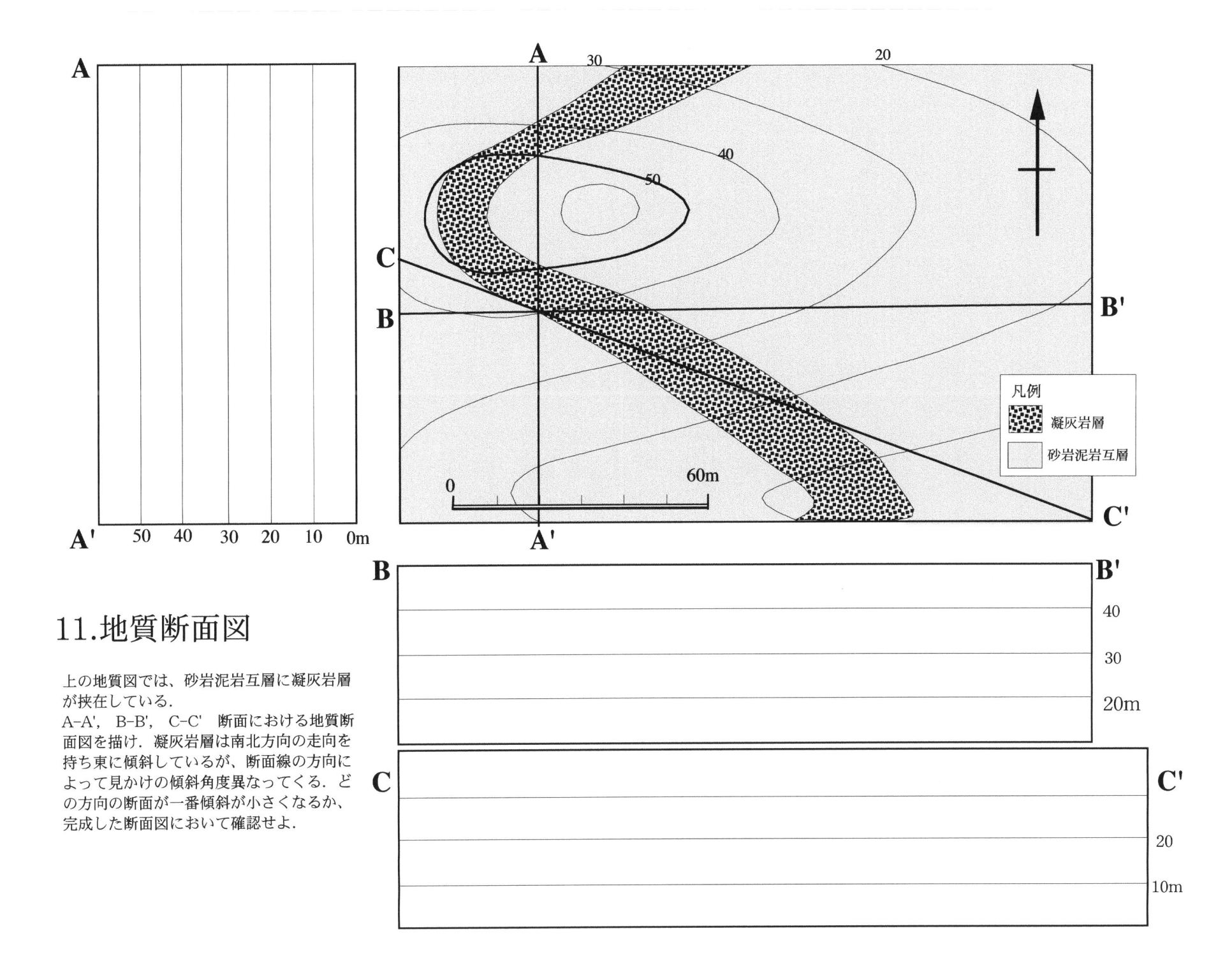

上の地質図では、砂岩泥岩互層に凝灰岩層が挟在している．
A-A'，B-B'，C-C' 断面における地質断面図を描け．凝灰岩層は南北方向の走向を持ち東に傾斜しているが、断面線の方向によって見かけの傾斜角度異なってくる．どの方向の断面が一番傾斜が小さくなるか、完成した断面図において確認せよ．

凡例
- 凝灰岩層
- 砂岩泥岩互層

12. 断層(Fault)の種類

横ずれ断層 (Strike-slip fault)

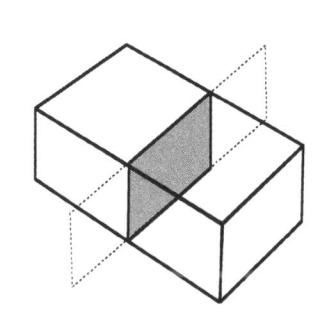

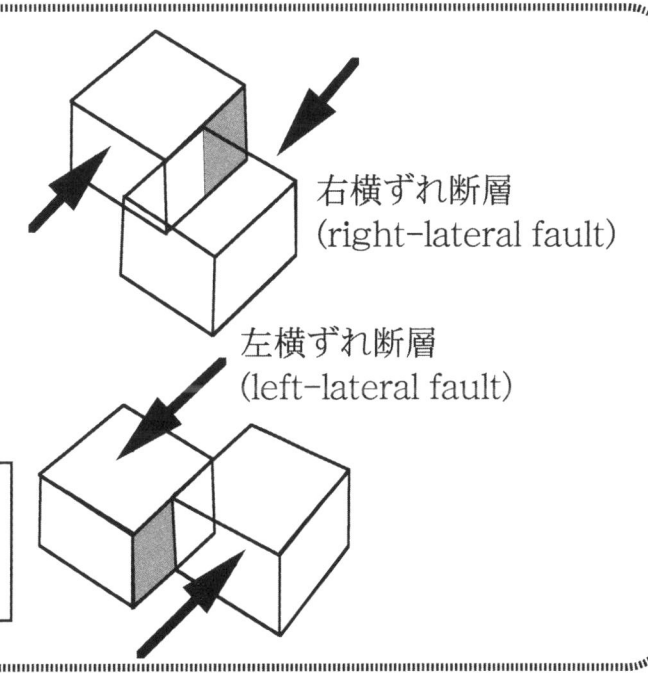

右横ずれ断層 (right-lateral fault)

左横ずれ断層 (left-lateral fault)

断層面より向こう側の岩盤の動きを考えたとき、
右側に動いた場合を　右横ずれ断層
左側に動いた場合を　左横ずれ断層
という.

縦ずれ断層 (Dip-slip fault)

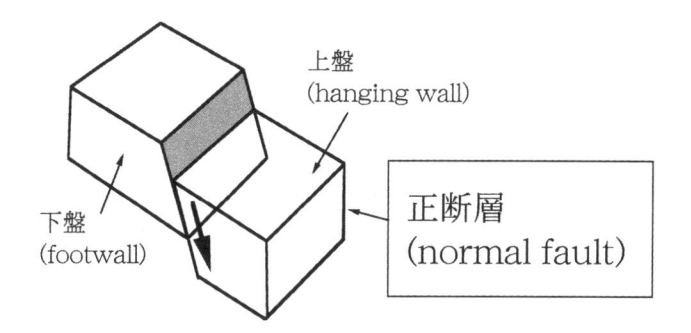

上盤 (hanging wall)
下盤 (footwall)
正断層 (normal fault)

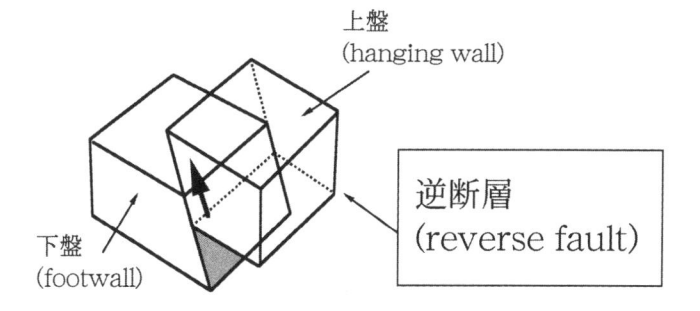

上盤 (hanging wall)
下盤 (footwall)
逆断層 (reverse fault)

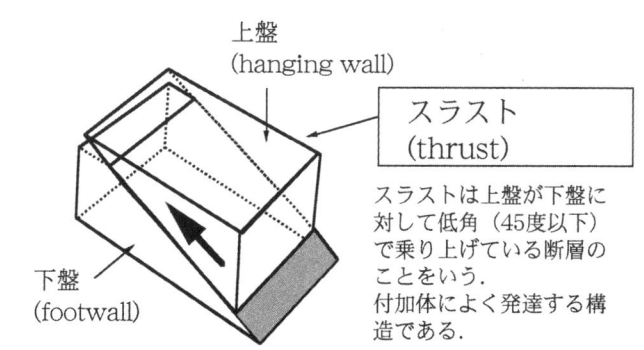

上盤 (hanging wall)
下盤 (footwall)
スラスト (thrust)

スラストは上盤が下盤に対して低角（45度以下）で乗り上げている断層のことをいう.
付加体によく発達する構造である.

断層の形態

断層面

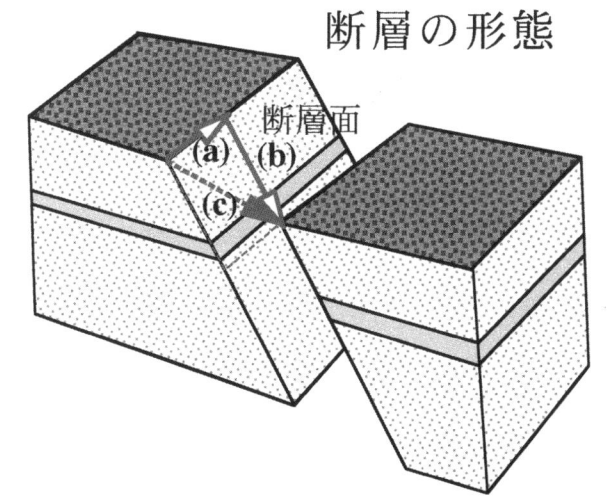

実際の断層は

水平方向の変位
(a) (strike slip) と
断層面の傾斜方向の変位
(b) (dip slip)
の両方の成分をもっている.

実際の変位は(c) (net slip)で表わされる.

斜すべり断層 (Oblique-slip fault)

13. 断層による変化

(例)

断層変位前 → 断層変位中 → 断層変位後

練習　例を参考に（1）と（2）の図を完成させなさい。

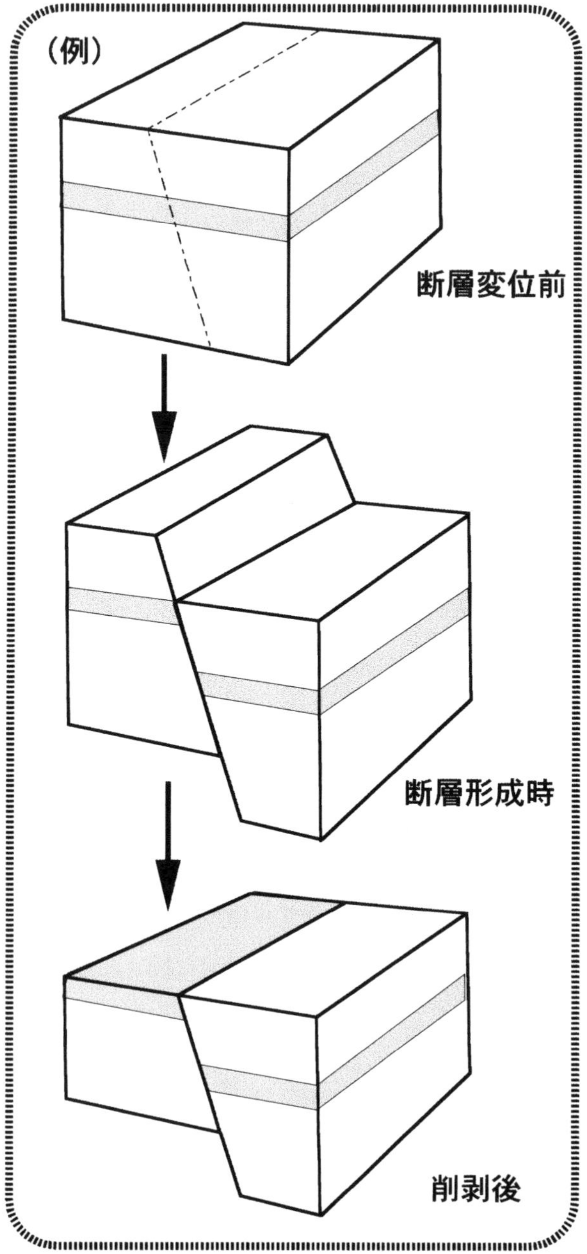

(1)

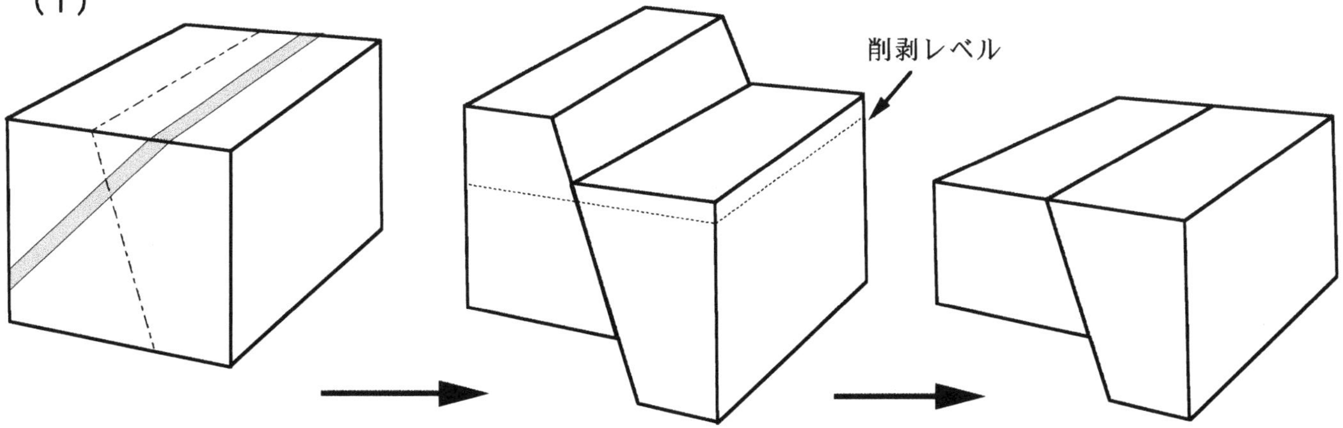

測視レベル

(2)

測視レベル

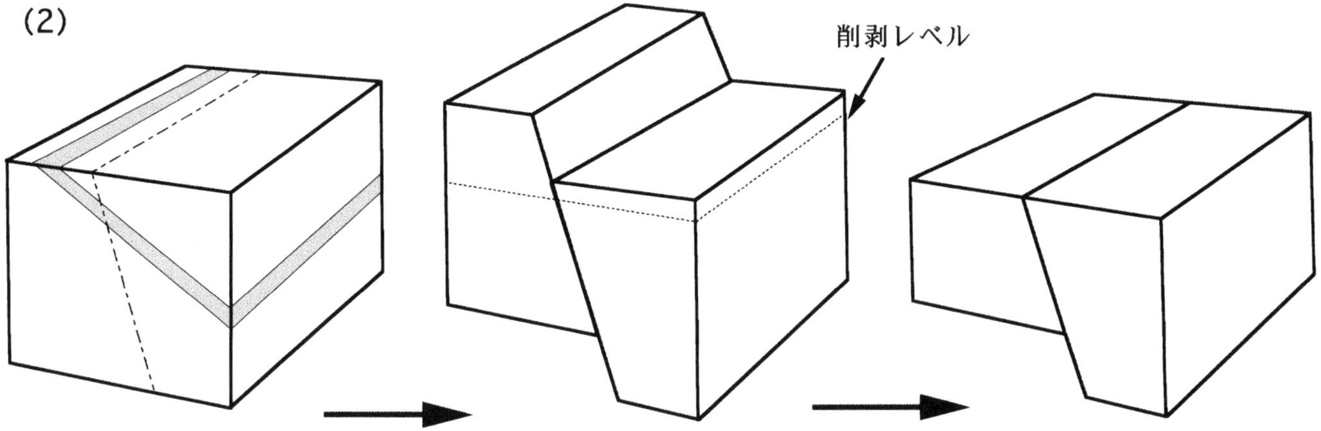

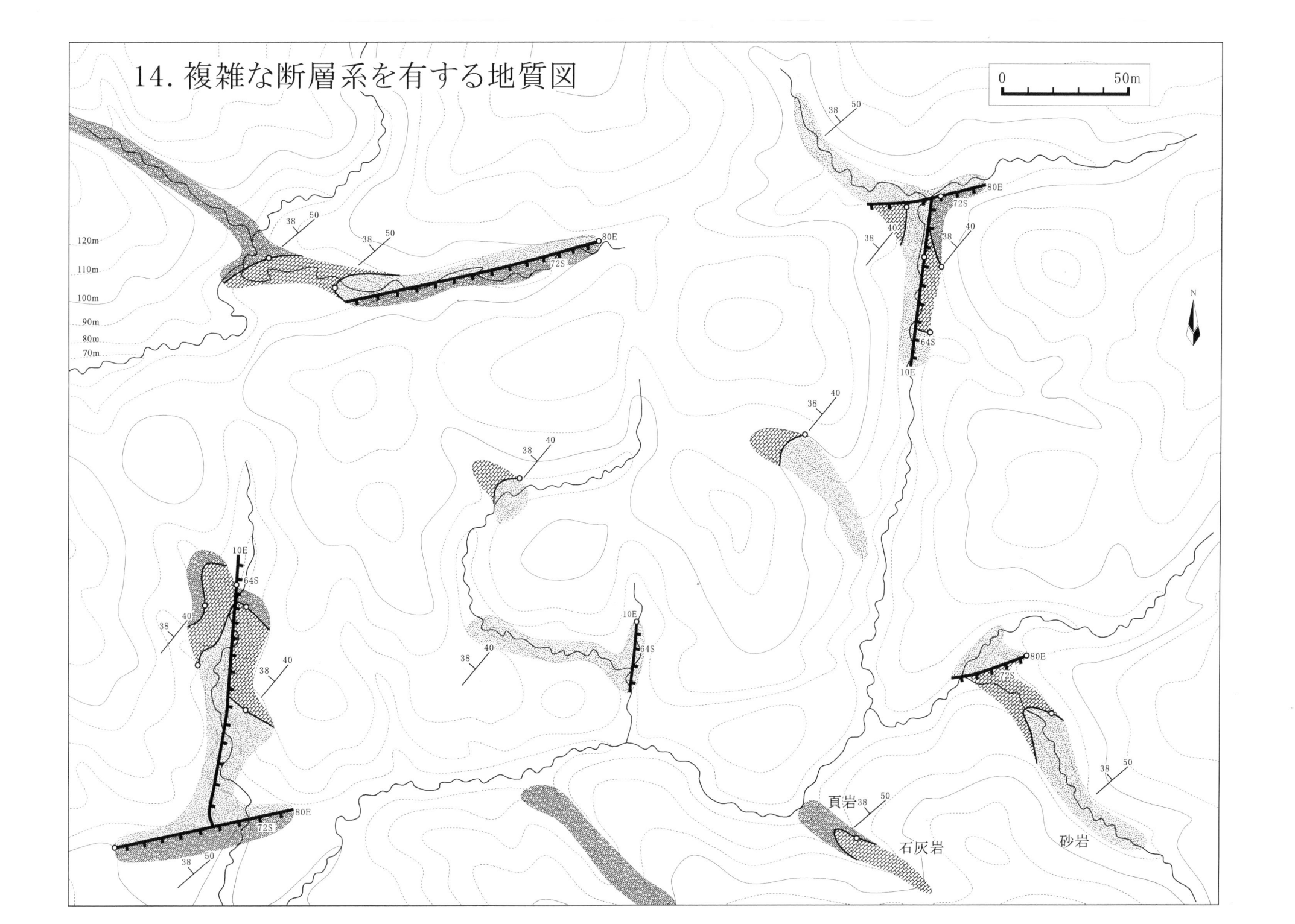

14. 複雑な断層系を有する地質図

頁岩
石灰岩
砂岩

15.垂直な断層と傾斜不整合

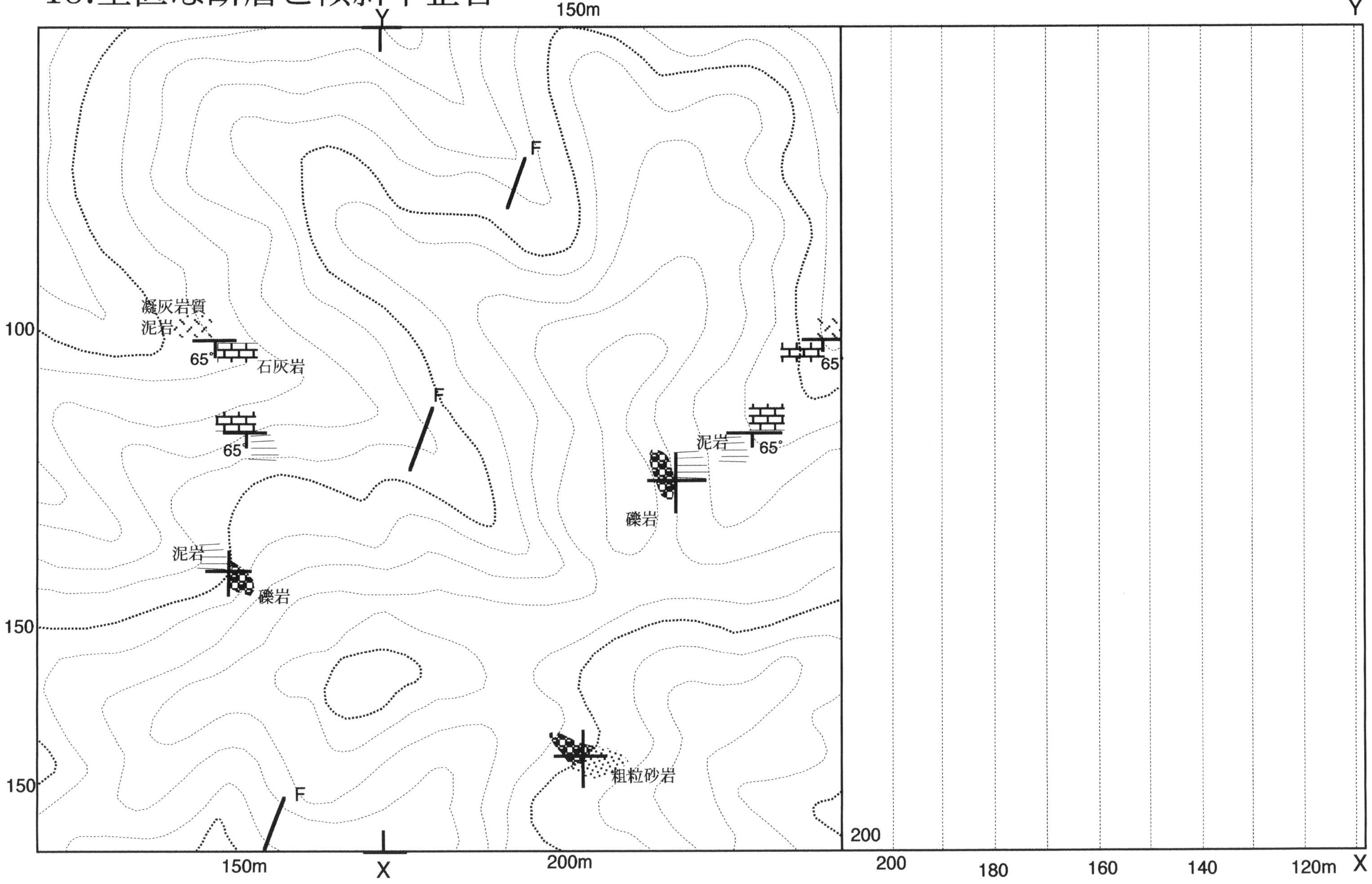

150m

Y

100

凝灰岩質
泥岩

65°

石灰岩

65°

F

泥岩

65°

礫岩

泥岩

礫岩

150

粗粒砂岩

150

F

150m

X

200m

Y

200

200

180

160

140

120m

X

地質図を完成させ、X-Y断面を描きなさい. 図中の断層 (F) は垂直な断層である.

16. 不整合の種類

不整合(unconformity)は、ある一群の地層（または岩体）とこれを覆うより若い地層との間に、著しく長い地質学的記録の欠如があるとき、これら2つの地層（または岩体）の関係を不整合という。不整合は、著しい風化侵食の証拠や構造の違い、または化石記録の欠如による大きな時間間隙の証拠をもとに識別される。ここで認定に使われる化石記録の欠如は、少なくとも一化石帯以上におよぶ時間間隙をいう。

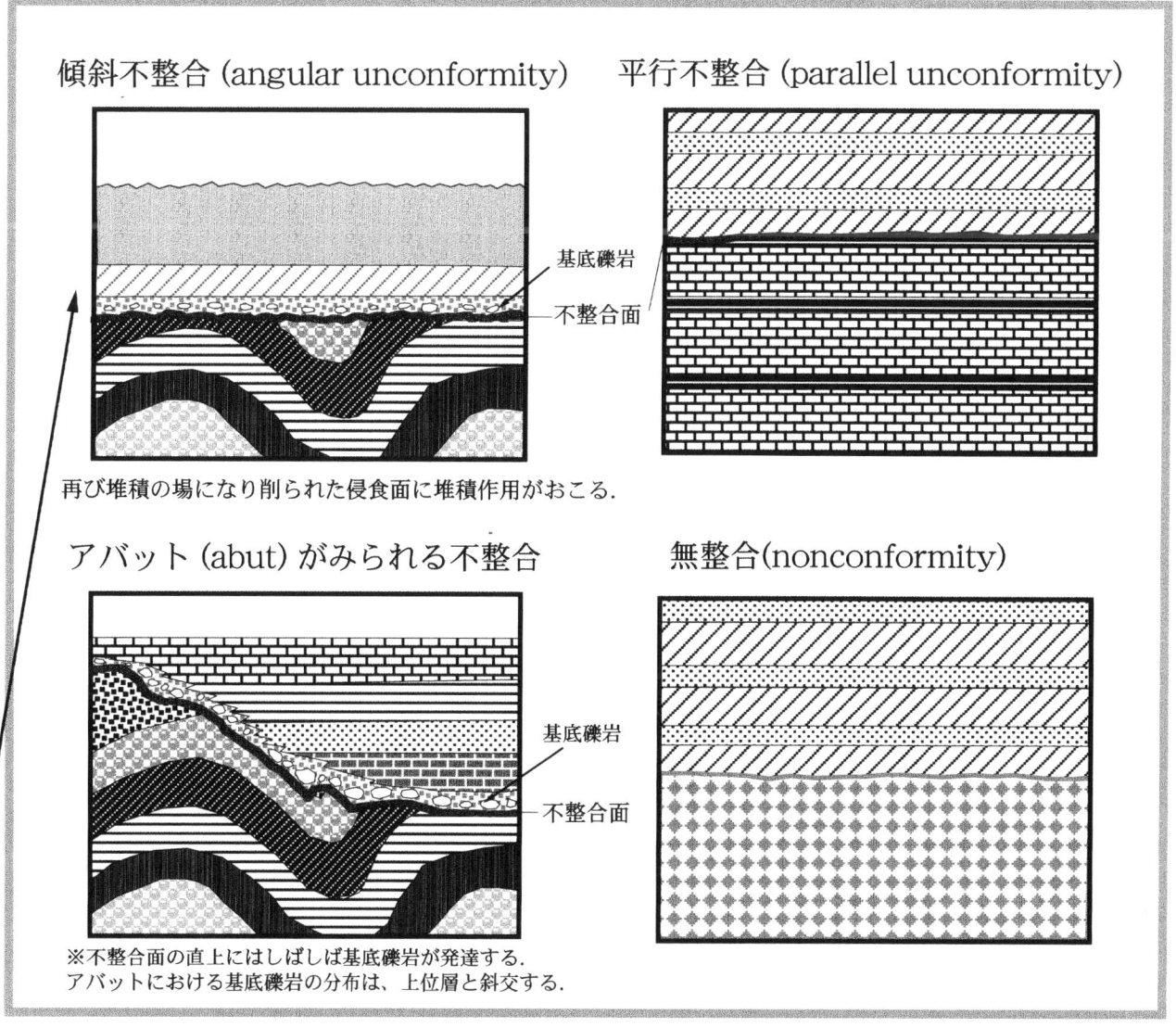

不整合の成り立ち

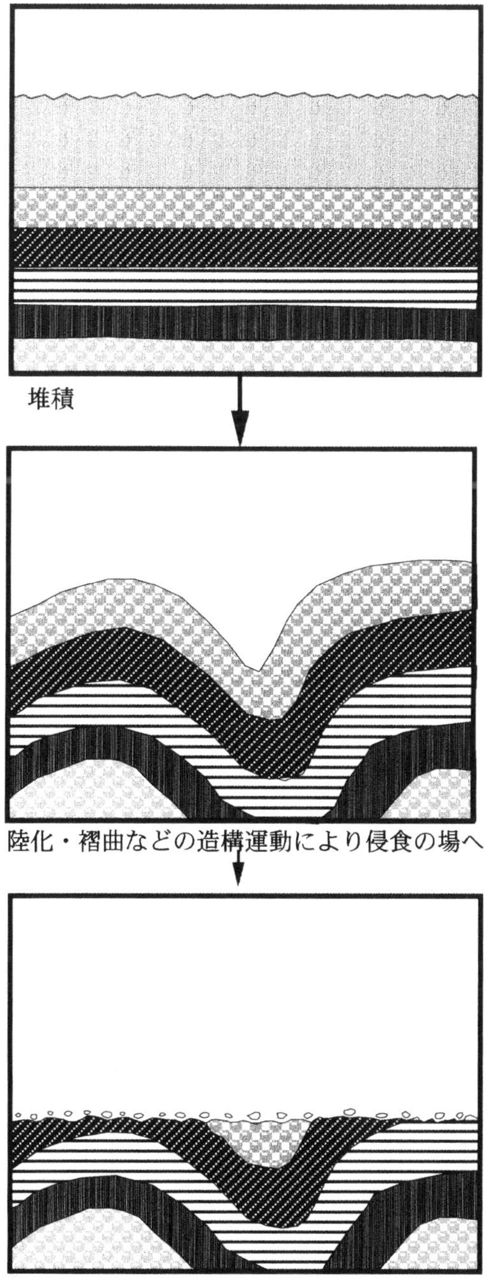

堆積

↓

陸化・褶曲などの造構運動により侵食の場へ

↓

侵食作用により、地表部の地層が削られる

傾斜不整合 (angular unconformity)

基底礫岩
不整合面

再び堆積の場になり削られた侵食面に堆積作用がおこる。

平行不整合 (parallel unconformity)

アバット (abut) がみられる不整合

基底礫岩
不整合面

※不整合面の直上にはしばしば基底礫岩が発達する。
アバットにおける基底礫岩の分布は、上位層と斜交する。

無整合 (nonconformity)

17.アバットしている不整合

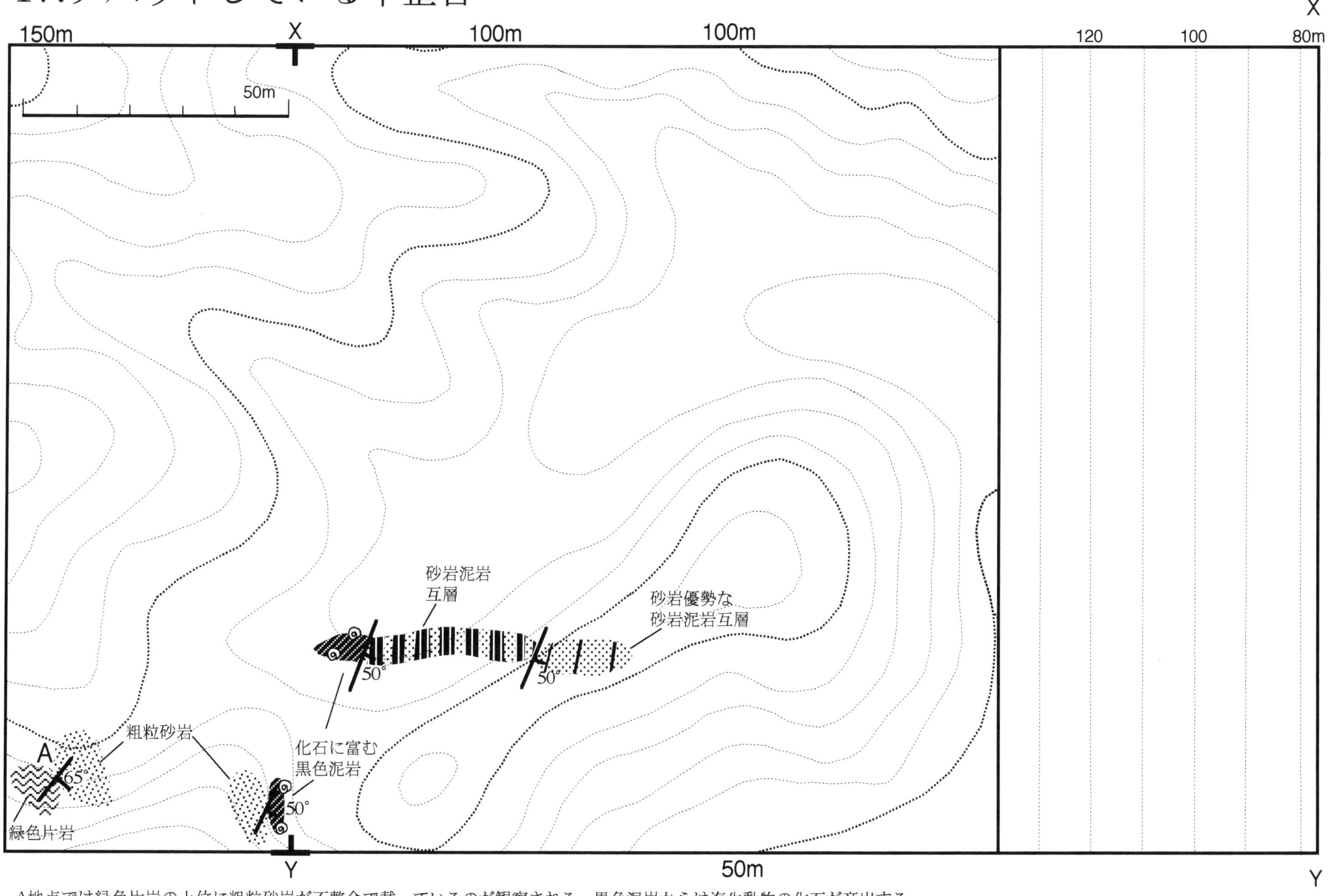

150m　　　　　X　　　　　100m　　　　　100m　　　　　　X　　120　　100　　80m

50m

砂岩泥岩
互層

砂岩優勢な
砂岩泥岩互層

50°

50°

A

粗粒砂岩

化石に富む
黒色泥岩

65°

50°

緑色片岩

50m

Y　　　　　　　　　　　　　　　　　　　　　Y

A地点では緑色片岩の上位に粗粒砂岩が不整合で載っているのが観察される．黒色泥岩からは海生動物の化石が産出する．
上位の粗粒砂岩、黒色泥岩、砂岩泥岩互層は緑色片岩の不整合面にアバットしている．

18. 三点図法による作図

空間の中でただ一つの平面を特定するための条件としては、これまで利用してきた1点と走向・傾斜以外にも、2点と走向または傾斜のどちらか、あるいは3点が求まっていればよい。走向と傾斜のどちらか一方しか測れないという場合はあまり多くないので、ここでは3箇所で境界を確認した場合の作図法を示す。

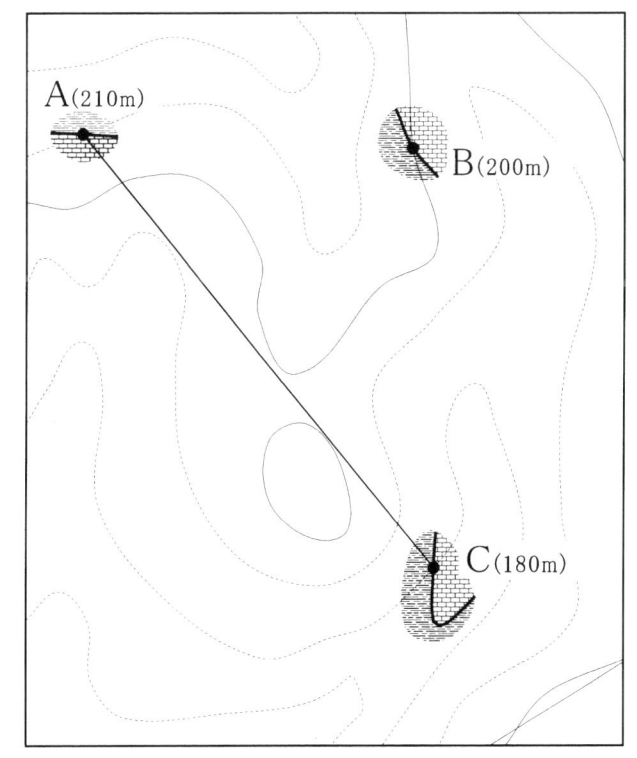

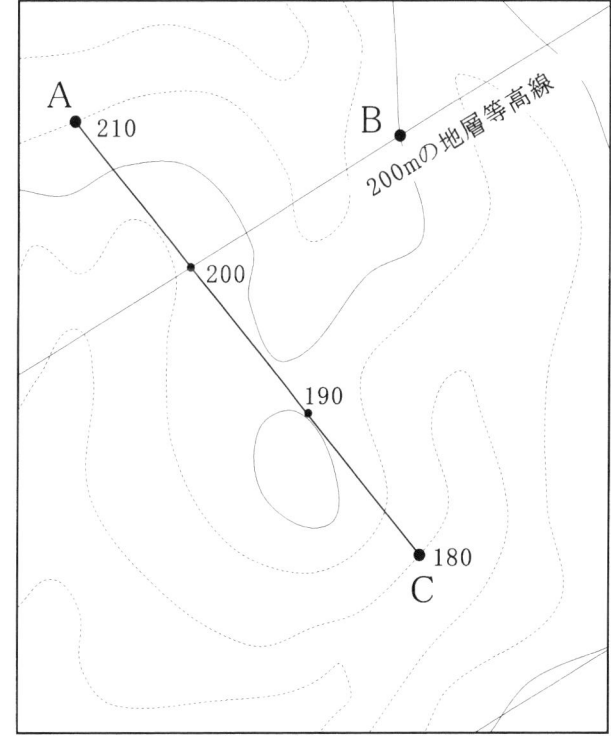

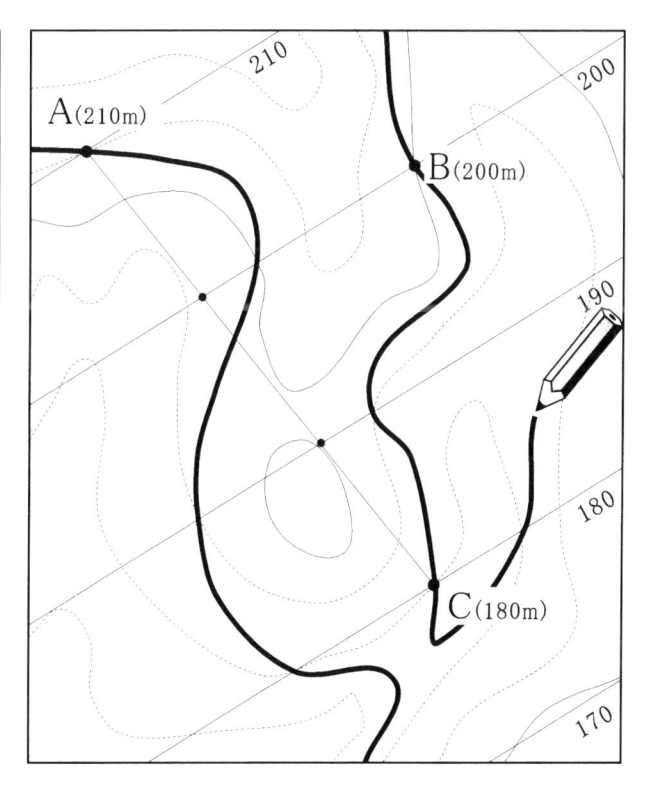

(1) まず、境界の見られる3地点の標高を読み、最高点と最低点を線分で結ぶ。

(2) この線分をもう1地点の標高によって案分したとき、案分点とこの地点を結ぶ直線の方向が求める面の走向となる。

(3) 地層等高線と境界の標高が一致するように、平行かつ等間隔に地層等高線を作図する。

微視的に見ると起伏の激しい不整合面では、走向・傾斜の計測値に頼るよりも三点図法を用いた方が正確な作図ができる。緩傾斜を為している地質境界もまた、計測した走向や傾斜の誤差が大きくなりがちなので、三点図法の方が有効な場合が多い。一方、地形の起伏は調査地域の水平的な広がりに比して一般にそれほど大きくないので、あまり急傾斜の地質境界に適用すると大きな誤差を生じる。また、上の作図法から明らかなように、3点が標高も含めて完全に一直線上にあっては作図できない。

19. 傾斜不整合

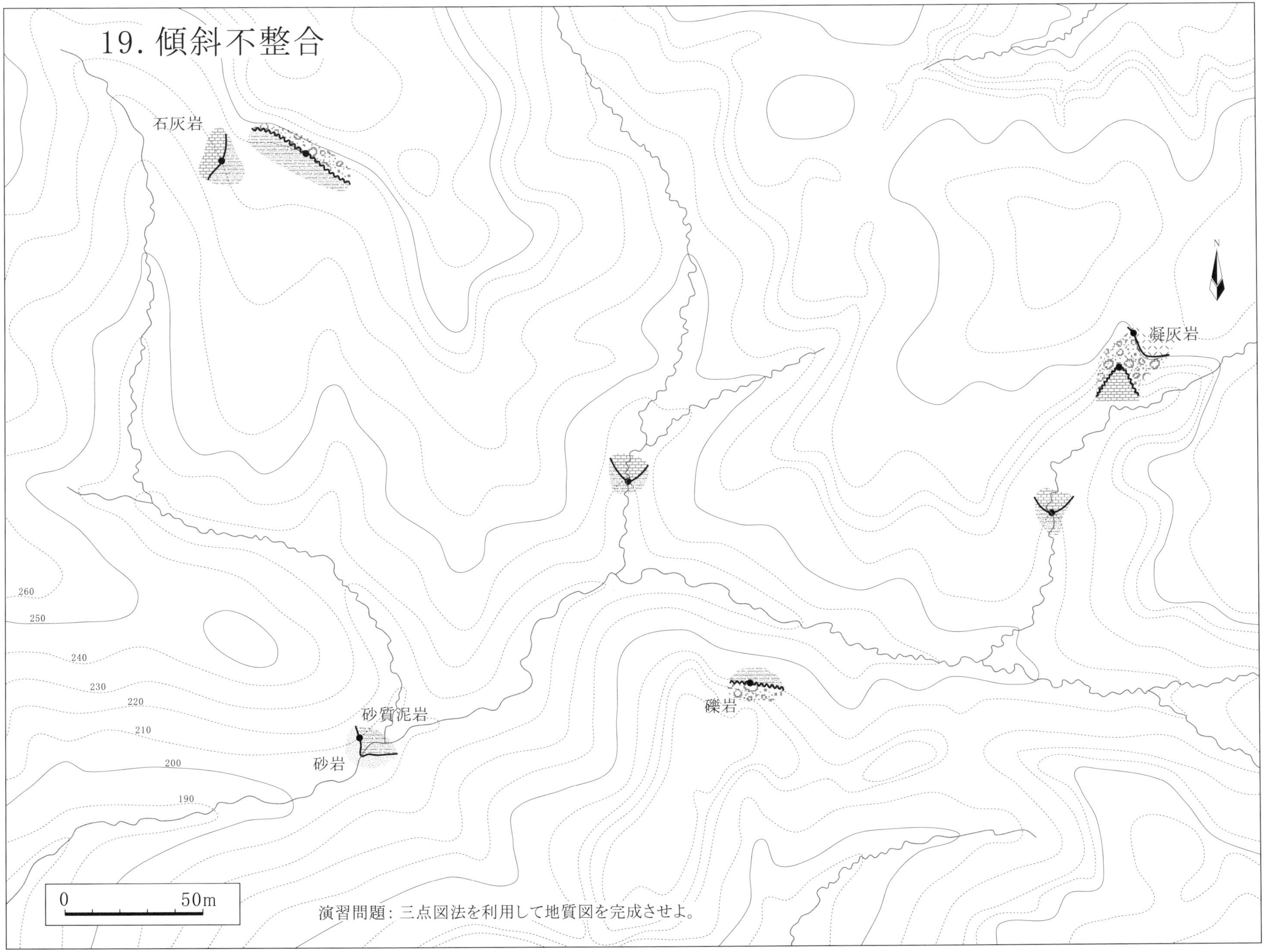

石灰岩

凝灰岩

260
250
240
230
220
210
200
190

砂質泥岩

砂岩

礫岩

0   50m

演習問題：三点図法を利用して地質図を完成させよ。

20. 基底礫岩と不整合面

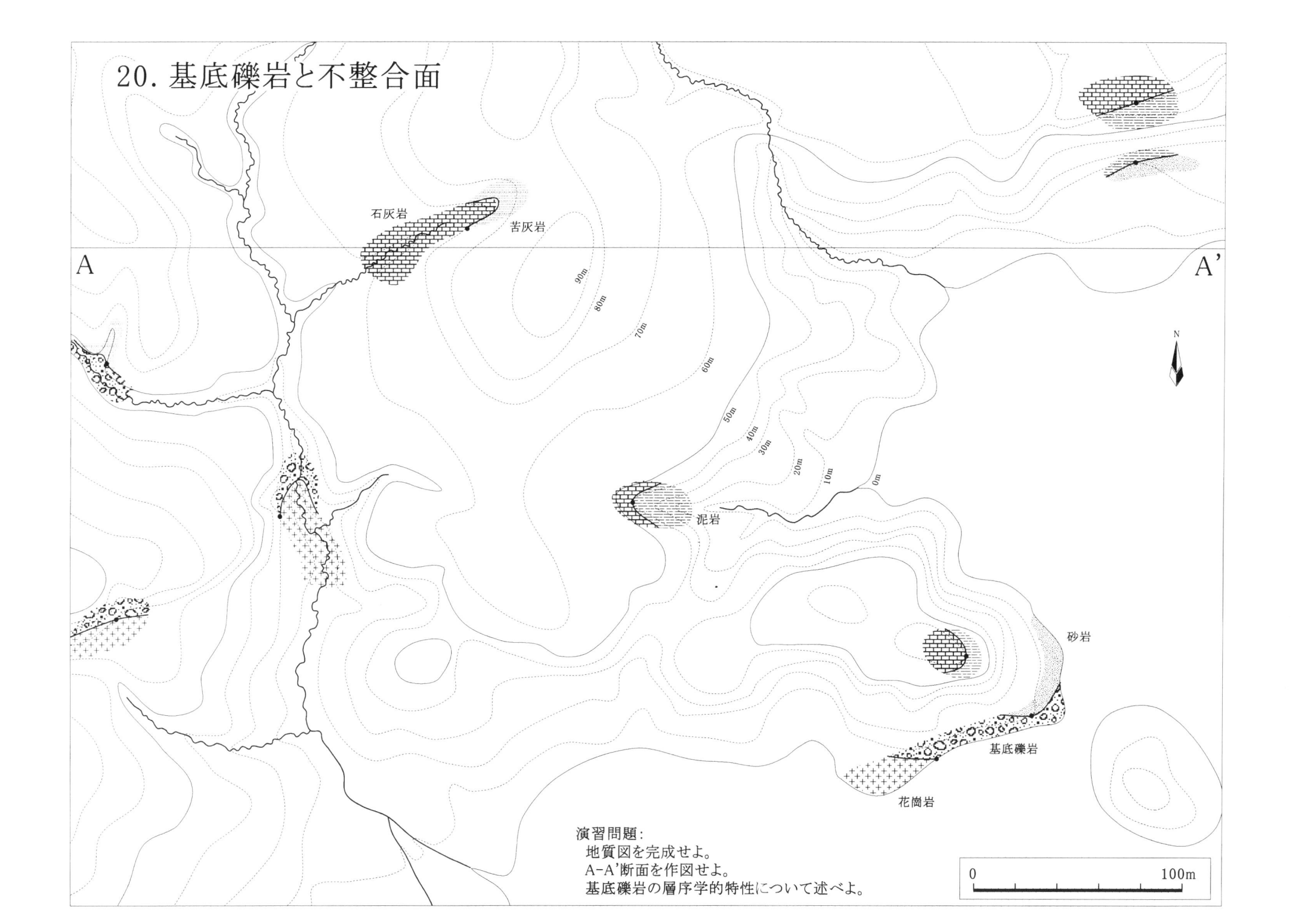

石灰岩
苦灰岩
泥岩
砂岩
基底礫岩
花崗岩

演習問題：
　地質図を完成せよ。
　A-A'断面を作図せよ。
　基底礫岩の層序学的特性について述べよ。

0　　　　100m

21. 褶曲の形態

褶曲軸が水平な場合

向斜 (syncline)　背斜 (anticline)

褶曲軸面
ヒンジ線
翼
水平面

古い → 新しい

褶曲の波長

向斜軸　背斜軸

褶曲の半波長

褶曲軸が傾いている場合

プランジ角　褶曲面トレンド
ヒンジ線
水平面

実際の地表ではモデル図と異なり、褶曲軸は一般に傾いている場合が多い．

この図の場合は、「軸が東にプランジする褶曲」と表現され、地質図上では下図のように、プランジした方向に矢印をもった褶曲軸として描かれる．

※注意※
地層の新旧が明確で上下が逆転していない地層が褶曲している時は、
向斜(syncline)、背斜(anticline)と表現されるが、
変成岩や付加体の岩相ユニットの重なりが褶曲している場合は、地層の新旧が明確でないので、前者に対してシンフォーム(synform)、後者に対してアンチフォーム(antiform)という用語を使用した方が適切である．

22. 褶曲した地層境界

曲面で近似される地層境界の作図は、今までに比べずっと煩雑であり、また多くのデータを必要とする。一般に、曲線で表される地層等高線の方向と間隔は、それぞれの地点で計測された走向・傾斜と矛盾しないよう作図されなければならない。観察された各境界点の標高は地層等高線の標高と一致していなければならない。

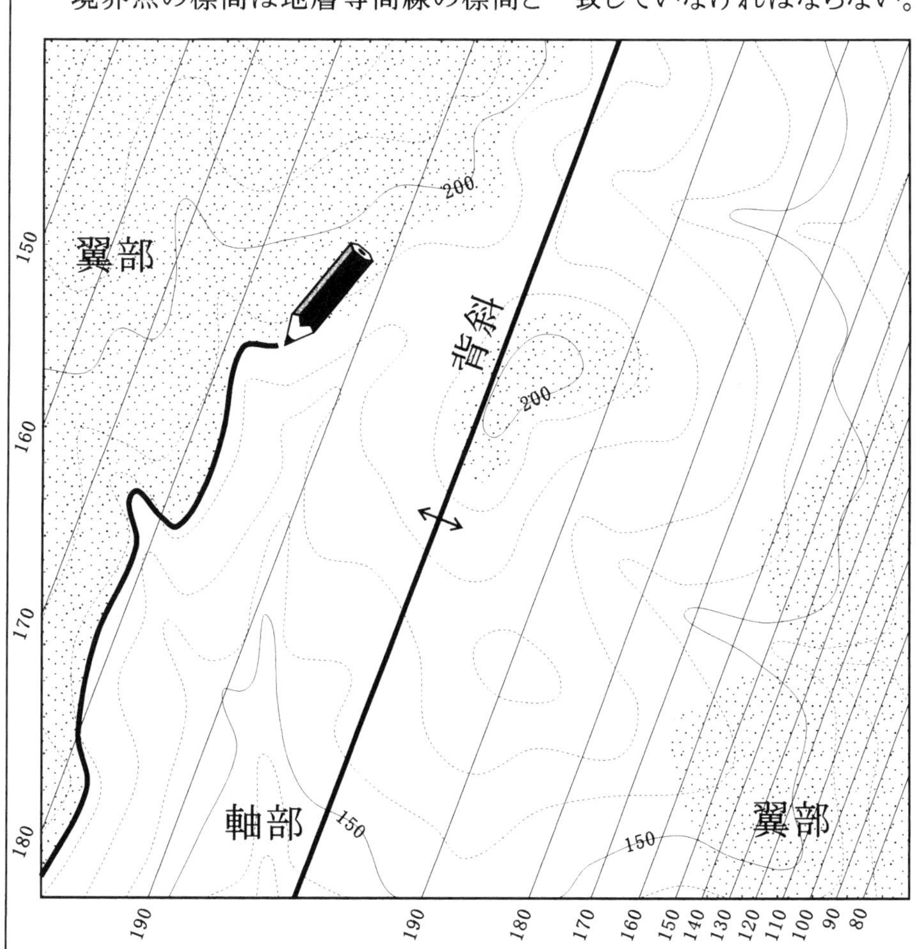

褶曲は曲面で表される地層境界の代表的な例である。プランジのない褶曲であれば、地層等高線は互いに平行になるであろう。もしプランジしていれば、それらは軸部において双曲線で近似され両翼部においてはそれぞれに平行かつ等間隔に配置されることになる（次ページ参照）。

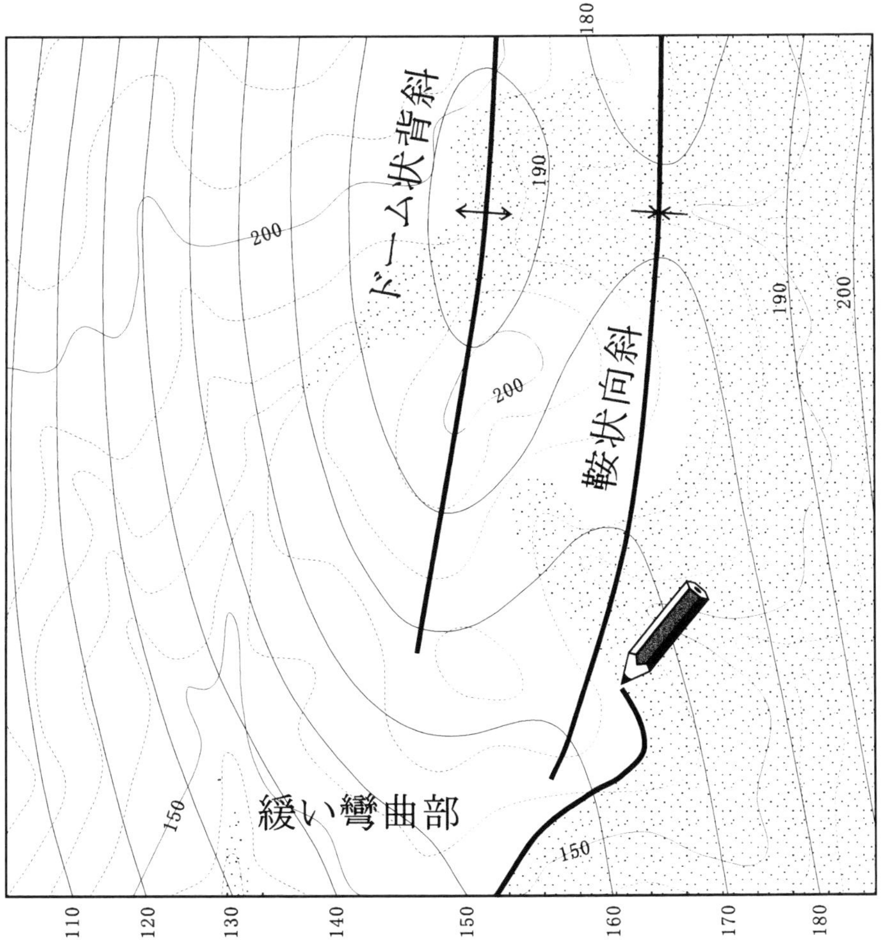

この技法を習得すれば、描こうとしている地質モデルが頭の中に出来上っている限り、どのような曲面の作図も可能である。

※ 褶曲の作図は複雑で混乱しやすいので、面倒でも地層等高線の数値をすべて記入することを推奨する。

23. 褶曲した地層の作図 1

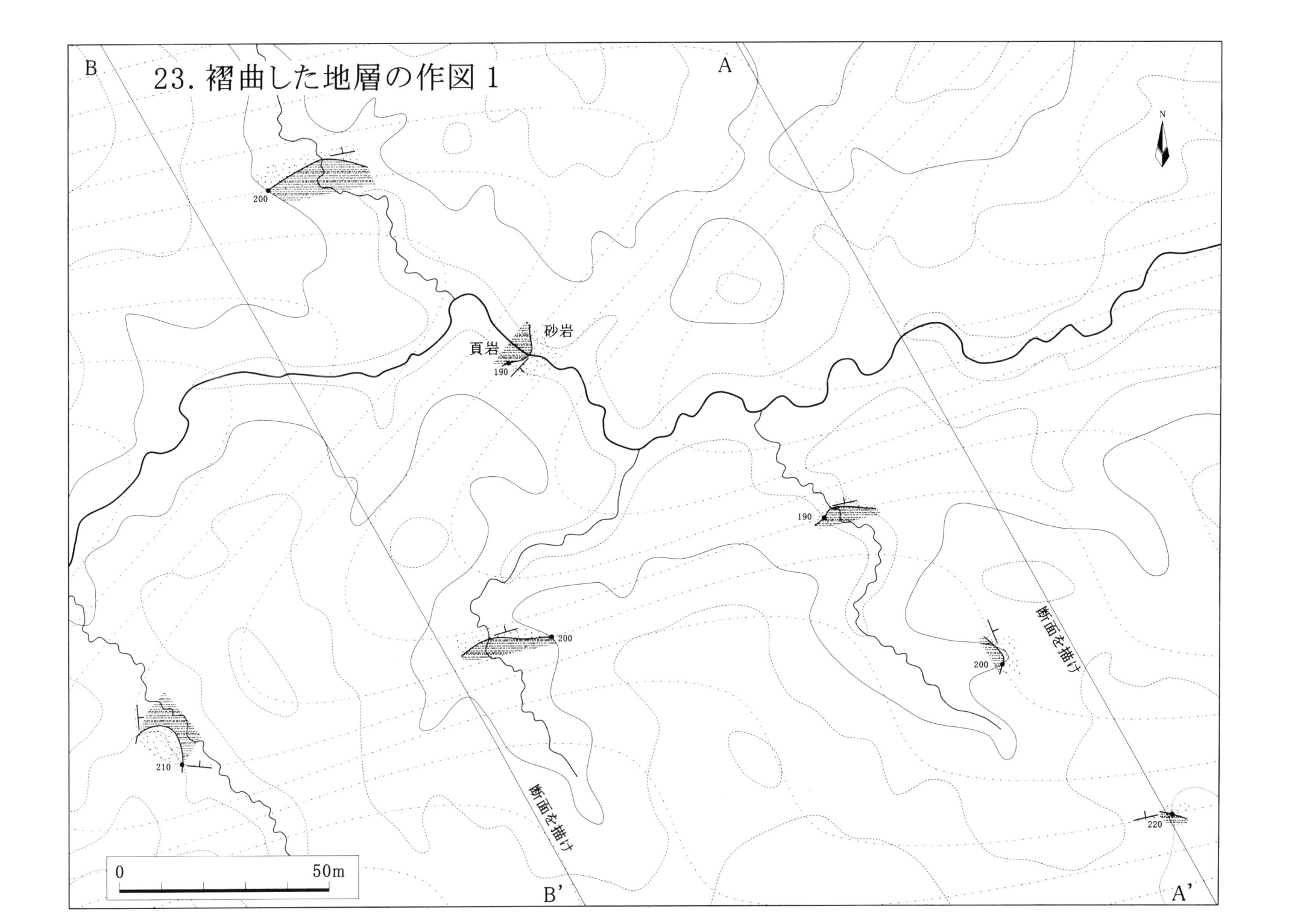

24. 褶曲した地層の作図 2

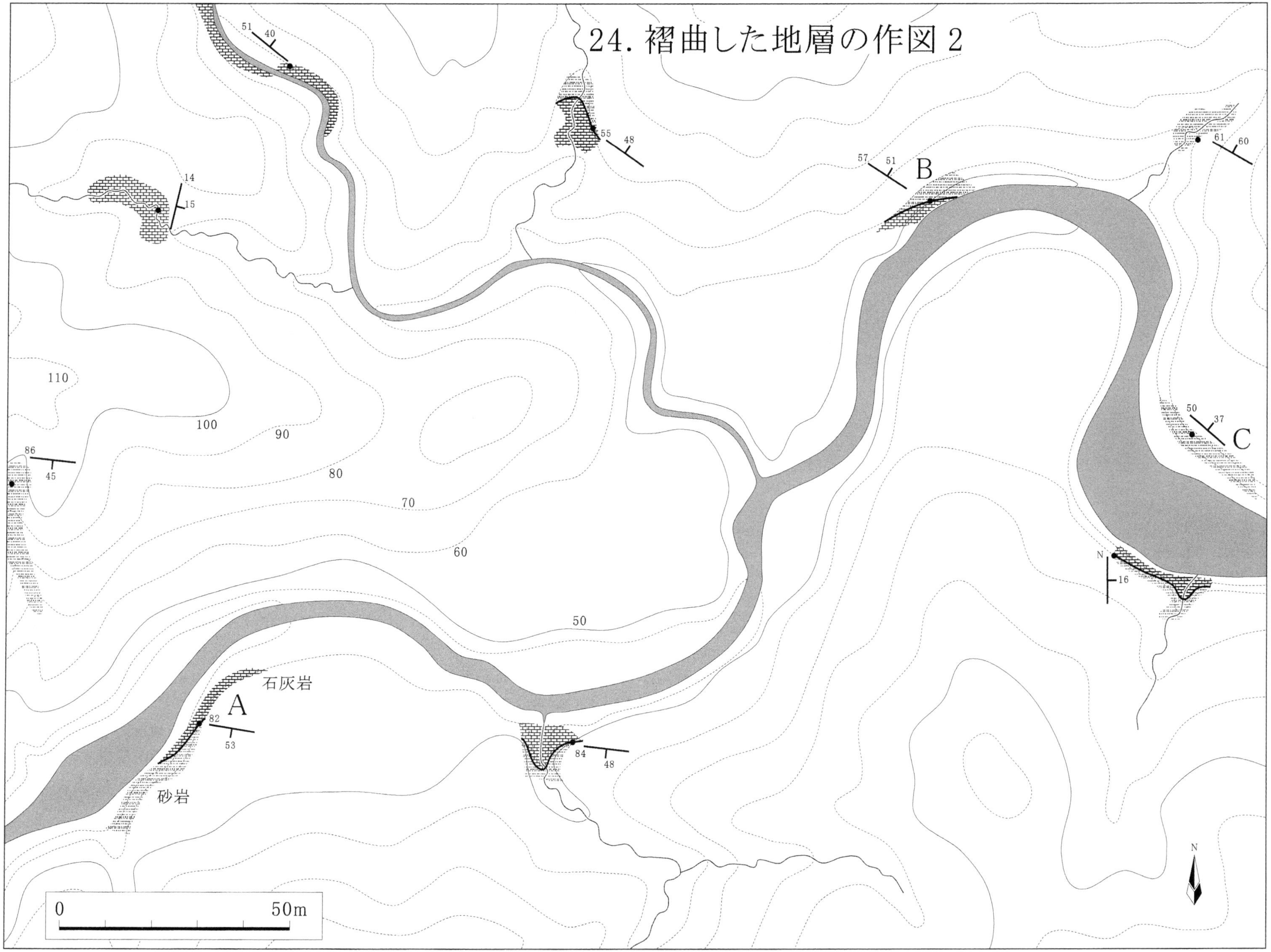

25. 地質を反映した地形

地形はしばしば地質を反映している。河岸・海岸段丘や扇状地、崖錐など、形成機構から考えてそれらが直接地形を形づくっている場合もあれば、礫岩や安山岩などの硬い岩体、あるいは断層による弱線などが、侵食量の違いによって地形に影響を及ぼしている場合もある。岩石と地形との関係は場合によって異なり一概には言えないが、地域ごとの特性を把握しておくと地質構造を予測する上で大いに役に立つ。地形もまた地質情報のうちなのである。

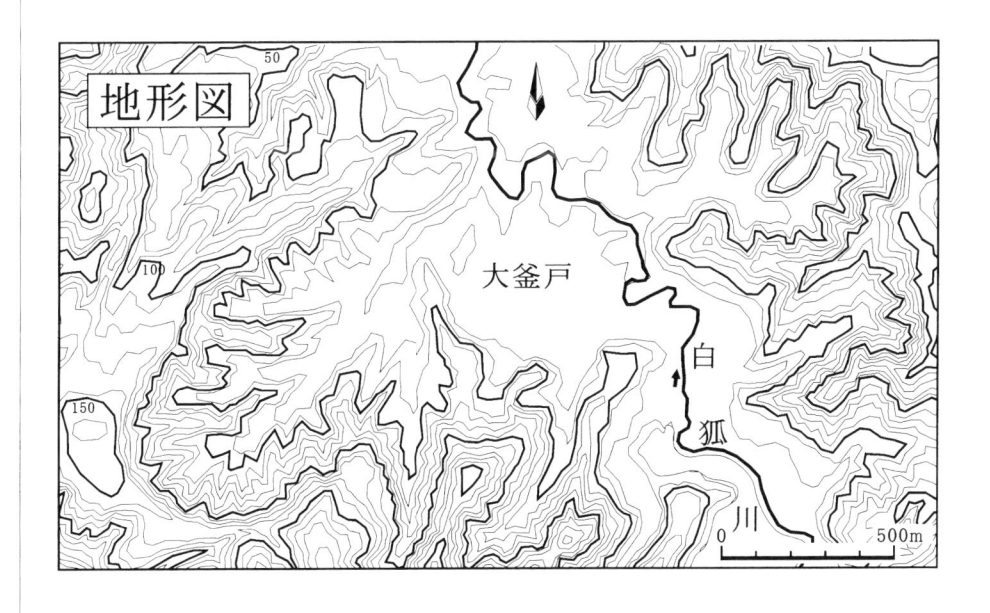

上は千葉県富津市、大釜戸地域に発達した特異な地形の例。白狐川をはさんで東西に、一対の馬蹄形の尾根線が互いに向かい合うように配置している。その中心に位置する集落、大釜戸の名称はこの特異な地形に由来しているのかも知れない。

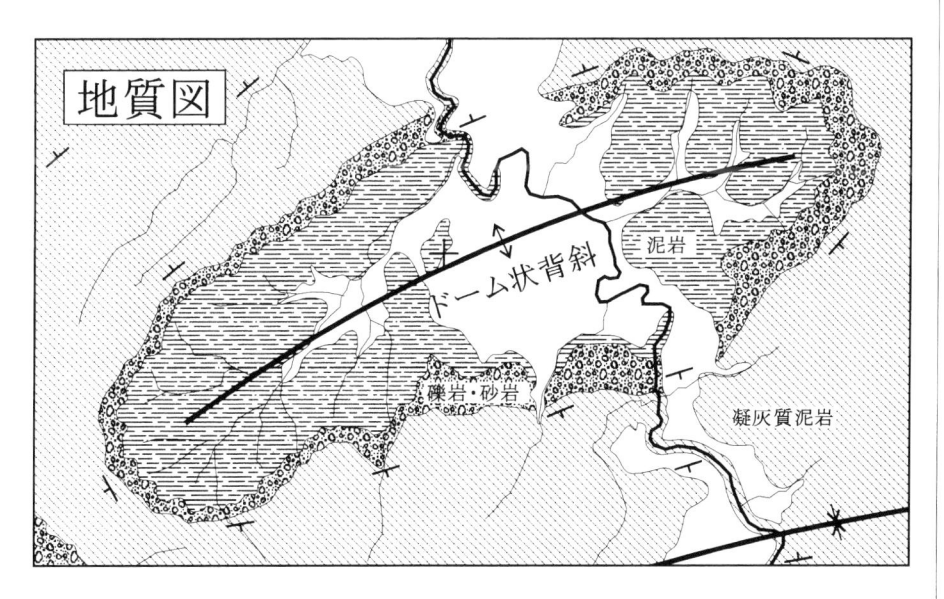

左地域の地質図に見られるドーム状背斜。この地域には、下位から、泥岩層、礫岩・砂岩層、凝灰質泥岩層が分布しているが、厚さ50m内外の礫岩・砂岩層が侵食に対して非常に強いので、礫岩・砂岩層の分布に沿ってドームを縁取るように急峻な崖または尾根線が形成されたものと思われる。

※ 地形から予測した地質構造は、できる限り踏査によって確認することが望ましい。

26. 第四系が形づくる地形

崖錐と段丘堆積物のだいたいの分布を
地形から判断して、地質図を完成せよ。

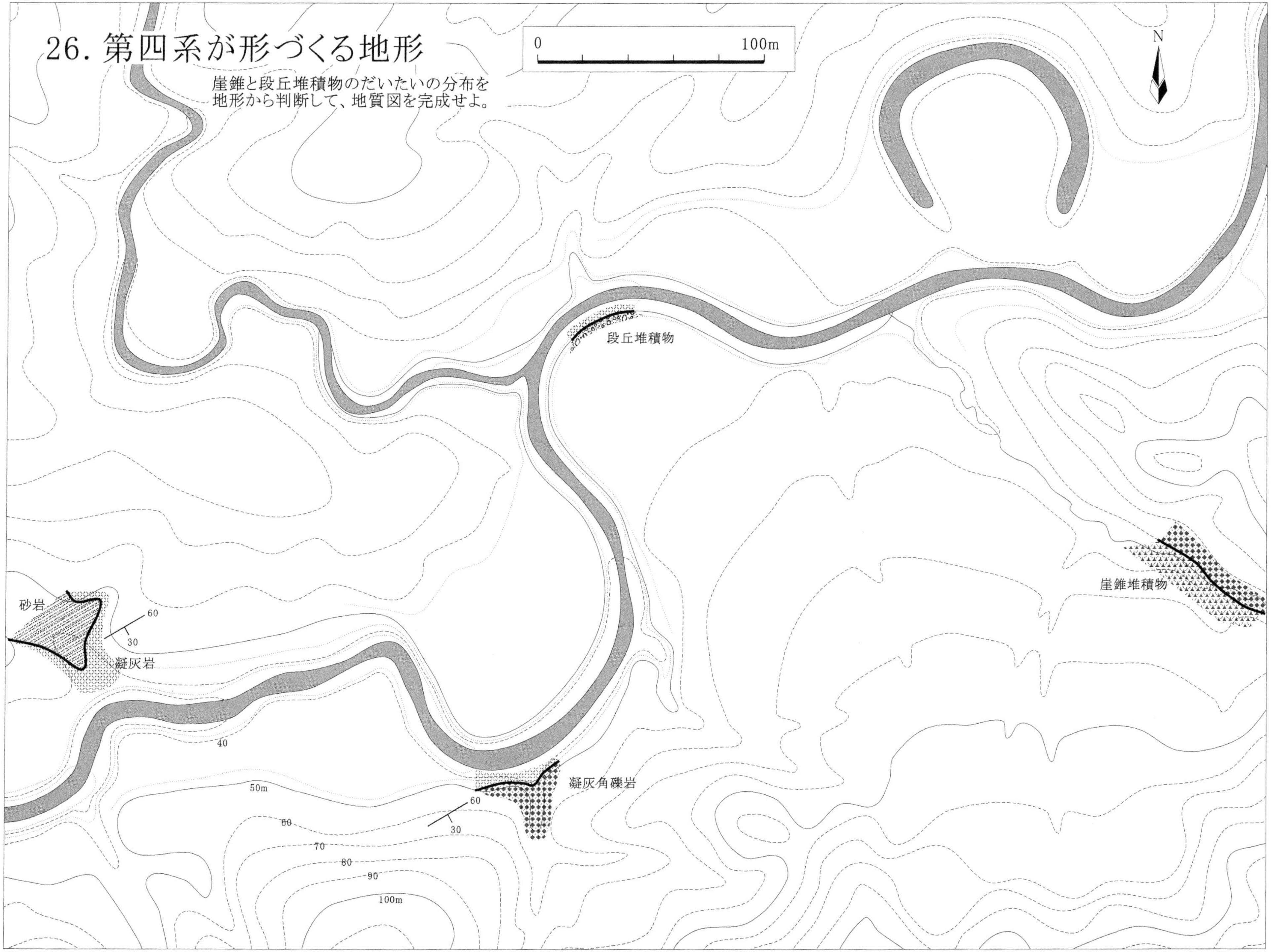

0   100m

N

段丘堆積物

崖錐堆積物

砂岩

凝灰岩

60

30

40

50m

60

70

80

90

100m

60

30

凝灰角礫岩

27. 地形を利用した地質図の補正

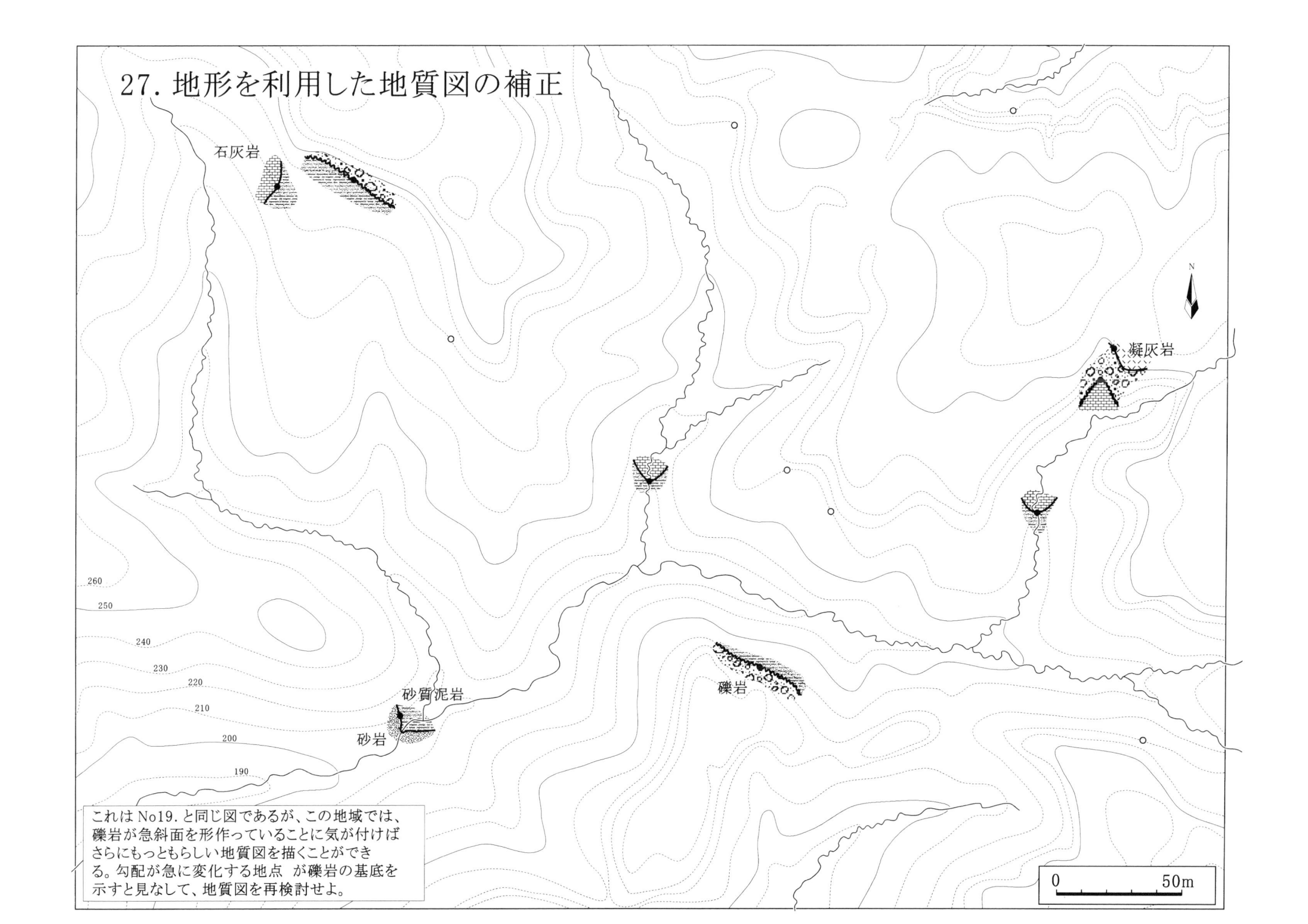

石灰岩

凝灰岩

砂質泥岩
砂岩
礫岩

これはNo19.と同じ図であるが、この地域では、礫岩が急斜面を形作っていることに気が付けばさらにもっともらしい地質図を描くことができる。勾配が急に変化する地点が礫岩の基底を示すと見なして、地質図を再検討せよ。

28. 地形を利用した作図

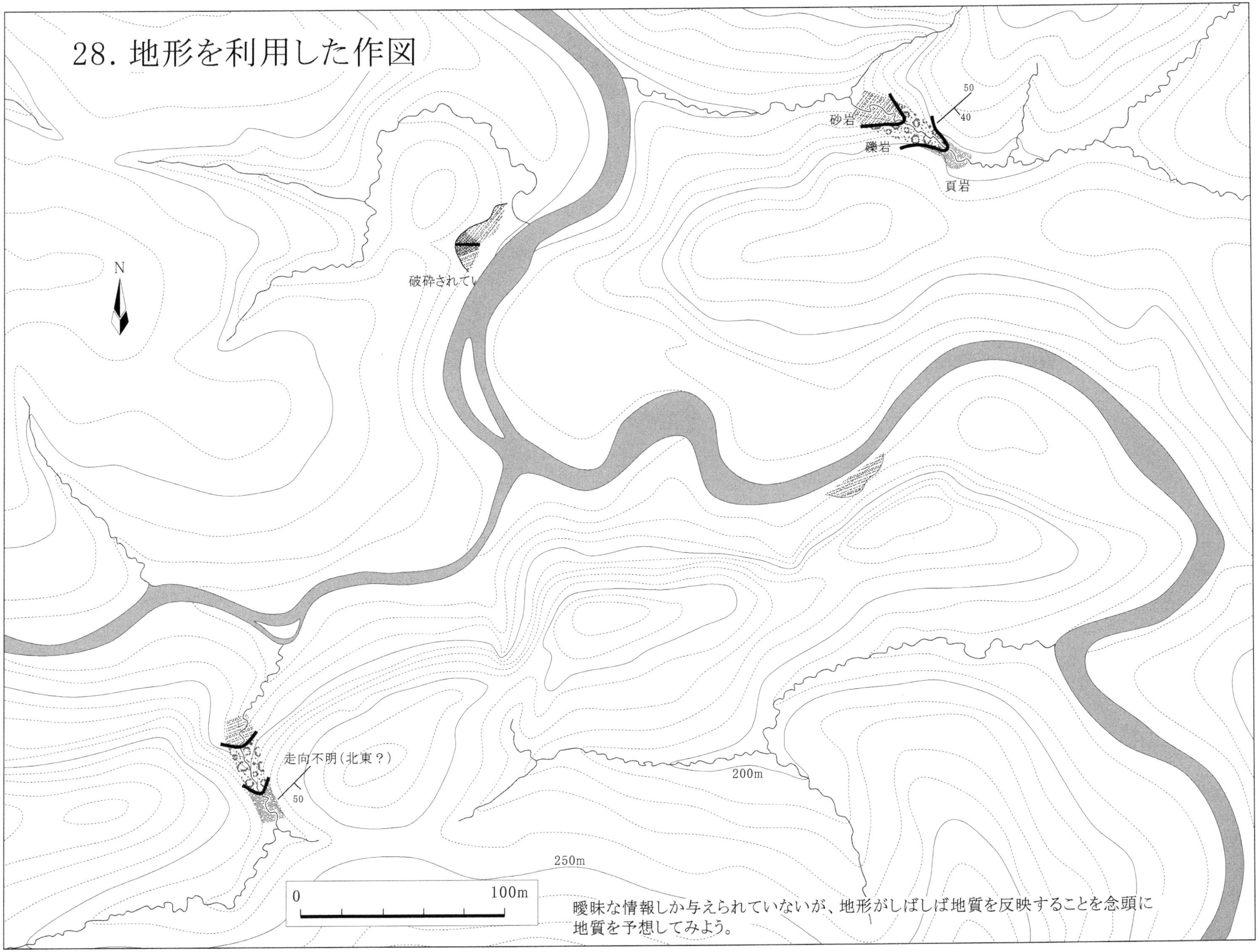

N

砂岩
礫岩
頁岩

50
40

破砕されてい

走向不明（北東？）
50

200m

250m

0   100m

曖昧な情報しか与えられていないが、地形がしばしば地質を反映することを念頭に
地質を予想してみよう。

29. ステレオネットの使い方

地質学の分野では、三次元の現象を平面に表現する必要が多々存在する．そのような場合、球面投影を利用すると解析がより簡単になることがある．ここではステレオネットを用いた三次元方位解析の方法を簡単に紹介する．

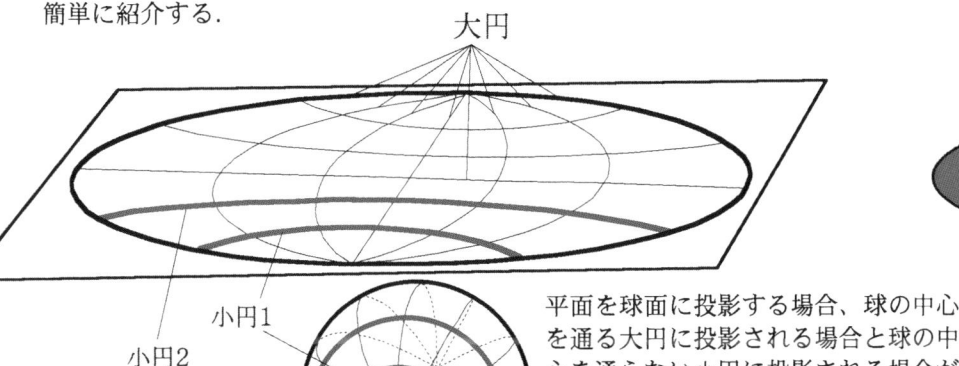

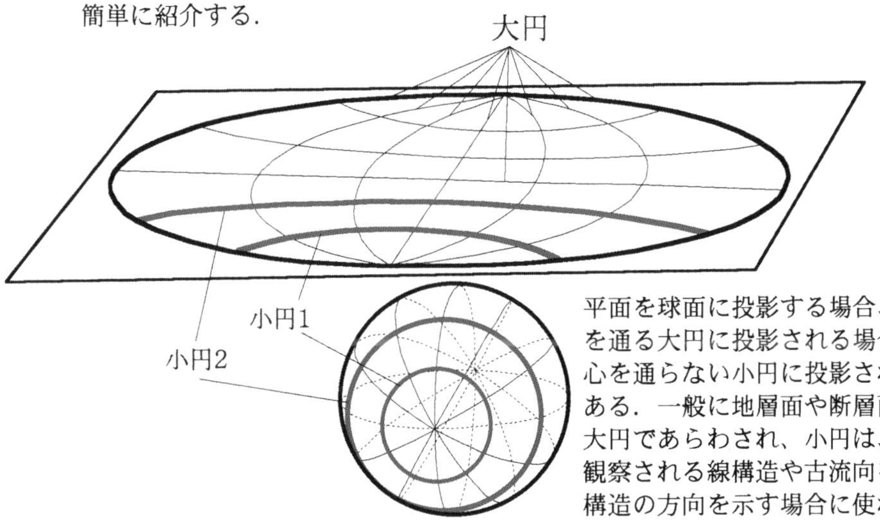

平面を球面に投影する場合、球の中心を通る大円に投影される場合と球の中心を通らない小円に投影される場合がある．一般に地層面や断層面などは、大円であらわされ、小円は、平面上に観察される線構造や古流向を示す堆積構造の方向を示す場合に使われる．

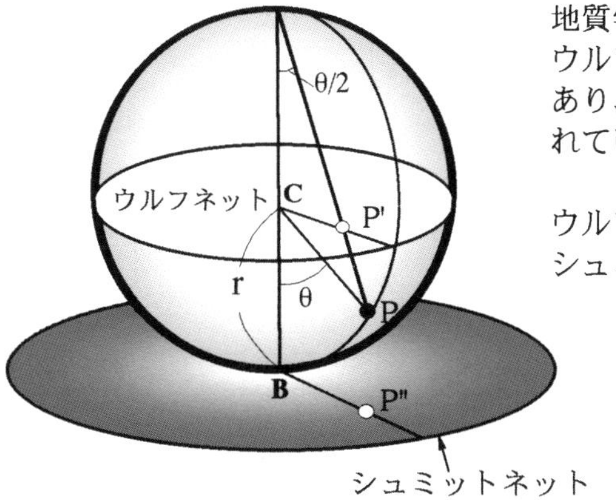

地質学でよく用いられる投影方法としては、ウルフネットとシュミットネットの2種類があり、必要とされる情報によって使い分けられている．

ウルフネットは、等角投影法
シュミットネットは、等面積投影法である．

投影法は、
天頂からみた場合　下半球投影
球底部からみた場合　上半球投影
と呼ばれているが、地質学では一般に下半球投影を使用する．

ウルフネット下半球投影

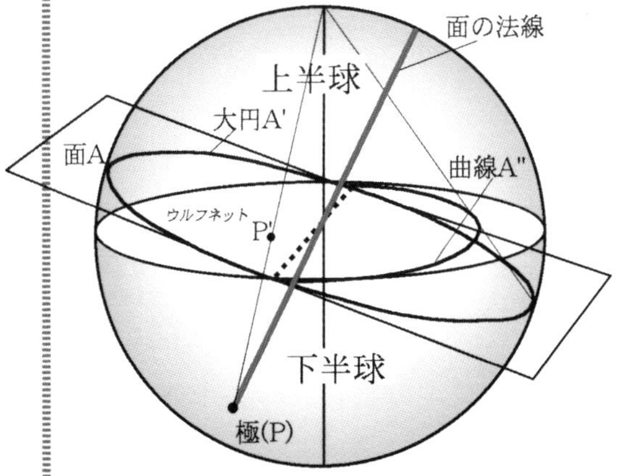

ここでは地質学でよく使われるウルフネットの原理を示す．

投影したい面Aを球面投影すると、球の中心を通る大円A'で示される．それを平面に投影すると、下半球範囲内の大円のみ考慮すればよいので、ウルフネット上では半月状の曲線A''で示されることになる．また、大円A'の中心を通り面Aに垂直な線を**法線**とよび、法線と球面が交わった点を**極(P)**とよぶ．この極をウルフネットに投影するとP'に示されることになる．

ウルフネット

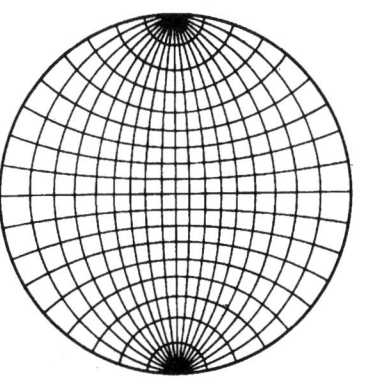

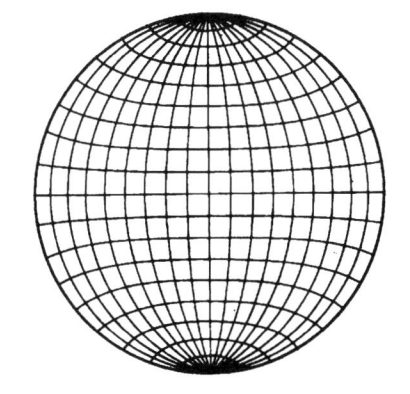

ウルフネットでは、角度の情報が保存される．

上図で示される球面上のP点は、ウルフネット上では、P'点として示される．
球の中心をC、球の半径をrとすると、
$$CP' = r\tan(\theta/2)$$
としてあらわされる．

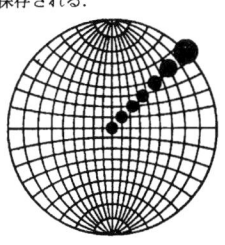

ウルフネット上では角度の情報は保存されるが、面積の情報は保存されないので左図のように円の端にいくに従って、投影される面積は増大する．

シュミットネット

シュミットネットでは、面積の情報が保存される．

上図で示される球面上のP点は、シュミットネット上では、P''点として示される．
球の最低部をB、球の半径をrとすると、
$$BP'' = BP = 2r\sin(\theta/2)$$
としてあらわされる．

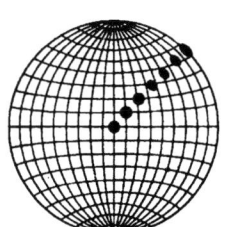

シュミットネット上では角度の情報は保存されないので左図のように円の端にいくに従って、投影される円は変形する．
しかし、面積はいずれも同じである．

30. 面構造と線構造

層理面、断層面、不整合面、褶曲軸面など、平面で近似される構造を面構造とよび、これらは走向と傾斜で記述される。これに対して、褶曲軸、スリッケンライン、底痕、および先に述べた面構造の極など、直線で近似される構造を線構造とよび、これらはトレンドとプランジで記述される。

表記

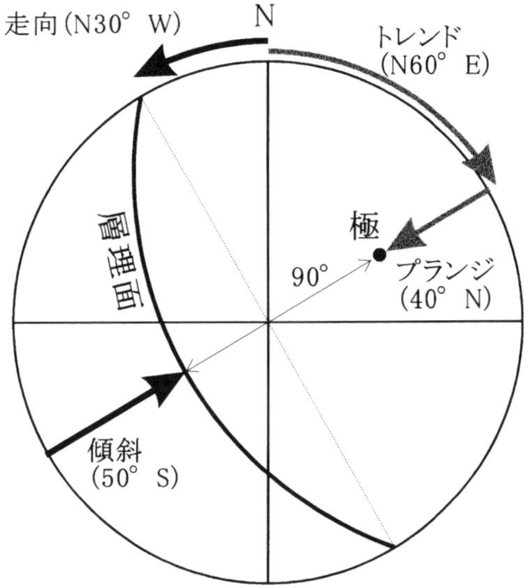

走向（N30°W）
N
トレンド（N60°E）
極
層理面
90°
プランジ（40°N）
傾斜（50°S）

面構造は、ステレオネットでは大円として表現される。左は、走向N30°W、傾斜50°Sの層理面を投影した例である。この面に対して垂直な方向を極と呼ぶ。極は面を表わすものであるが、線構造の属性を持つことから、左の例ではトレンドN60°E、プランジ40°Nと記述される（右参照）。

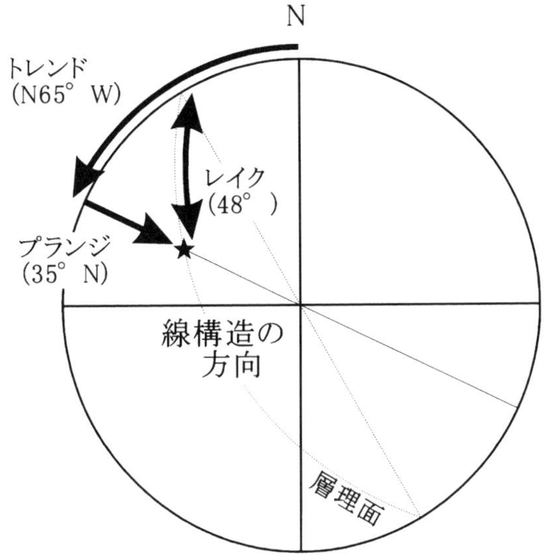

N
トレンド（N65°W）
レイク（48°）
プランジ（35°N）
線構造の方向
層理面

線構造は、点として表現される。スリッケンラインや底痕などのように面上に発達している線構造の方向は、面構造の走向・傾斜に加えてトレンドかプランジ、あるいはレイクのいずれかを測って求めることができる。左は先の層理面上に発達した底痕の例で、通常は、
　　トレンド N65°W、
　　プランジ 35°N
と表わされる。

さらに、線構造は方向性を持つ場合がある。仮に先の底痕が東南向き（上向き）の古流向を示していたとすると、方向は、
　　トレンド S65°E
　　　（またはN115°E）、
　　プランジ −35°S
と表わして、下向きのものと区別する必要が生じる。このとき、ステレオネットでは下のように ⊙ または ⊗ で区別する。

回転

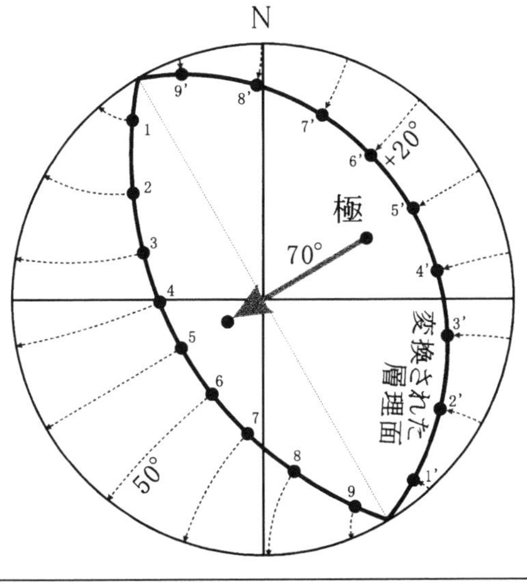

N
極
70°
+20°
変換された層理面
50°

走向方向を軸にした面構造の回転に限って、大円を利用することができる。左図は、先の層理面を南の方から見て時計回りに70°回転させた例。
層理面上の線構造は小円に沿って移動する。

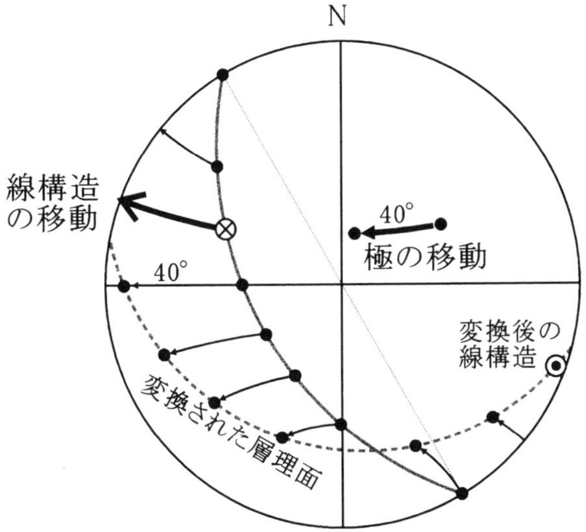

N
線構造の移動
40°
40°
極の移動
変換後の線構造
変換された層理面

線構造の水平軸周りの回転には、一般に小円を用いる。面構造は回転させづらいので、極を用いて回転させるとよい。左図は、南北方向を軸に南の方から見て時計回りに40°回転させた例。（回転軸が水平でない場合でも、水平の回転を複数回組み合わせて行なうことができる。）

31. 応力場の復元

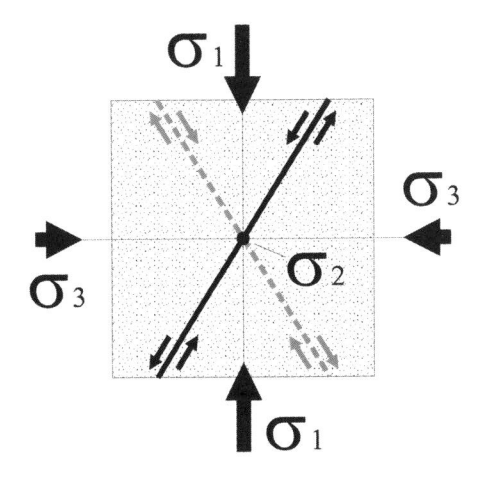

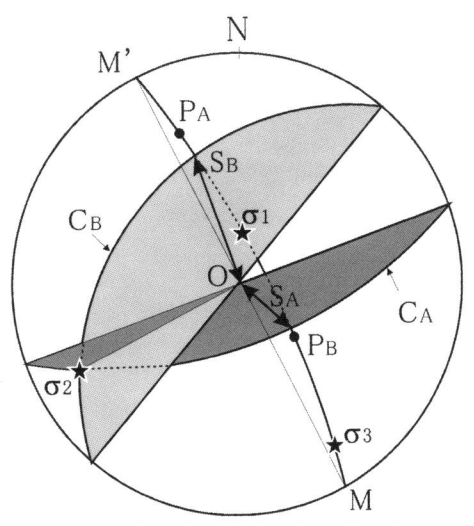

断層は、岩盤に大きな応力がかかることによって形成される。岩盤にかかる応力の状態（応力場）は、互いに直交する3つの主応力軸方向の成分の大きさによって表わすことができる。これらの成分のうちで最も大きなもの、二番目のもの、そして最も小さなものを、それぞれ、

　　　最大主応力（σ_1）、
　　　中間主応力（σ_2）、および
　　　最小主応力（σ_3）

と呼ぶ。

応力場と形成される断層面や変位の方向には関係があって、左図の様に断層面は中間主応力軸に平行でかつ最大主応力軸とは45°未満の角度で交わる。σ_1-σ_2面に互いに対称な2つの方向に断層が形成される場合を共役断層（系）という。共役断層が認められれば、そこに掛かっていた応力場の状態を知ることができる。

また、応力は地表面で解放されることから、これに直交する向き（鉛直方向）に主応力軸のうちのどれかがほぼ一致することが多いとされる。このため、断層は右図のように

　　　正断層（鉛直方向にσ_1が向く場合）、
　　　逆断層（σ_3が向く場合）、および
　　　横ずれ断層（σ_2が向く場合）

の三通りに区分することができる。

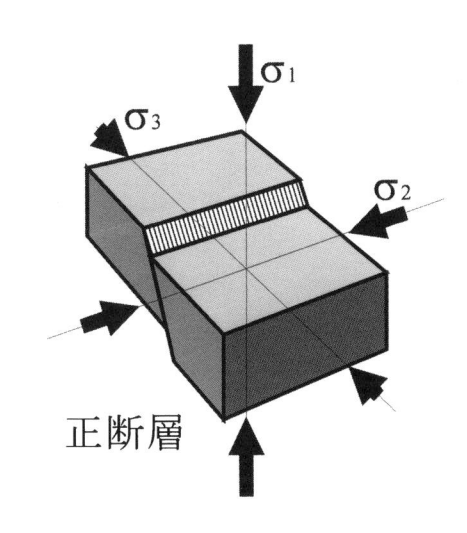

共役断層と応力場の関係

- C_A: 断層Aの大円
- C_B: 断層Bの大円
- P_A: 断層Aの極
- P_B: 断層Bの極
- 角$P_A\sigma_1$ = 角$\sigma_1 P_B$ （<90°）
- 角$P_B\sigma_3$ = 角$\sigma_3 M$ + 角$M'P_A$ （>90°）
- S_A, S_B: 各断層面上に発達するスリッケンラインの方向

正断層

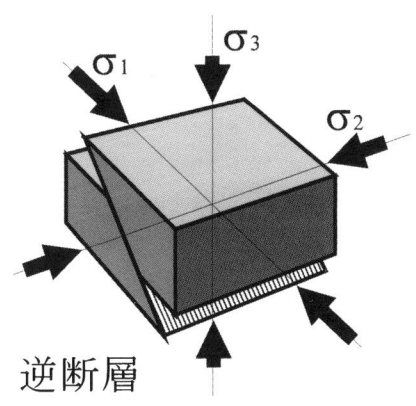

逆断層

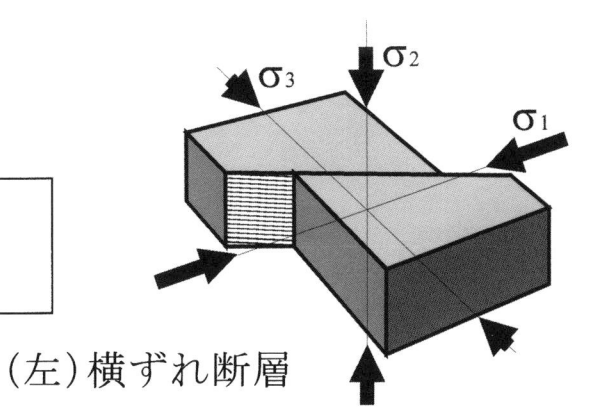

（左）横ずれ断層

演習問題　No.14に描かれている2方向の断層が互いに共役であると見なして、左図を参考にステレオネットを用いて応力場の状態を復元せよ。

32. 褶曲の解析

下図のような背斜軸のトレンドとプランジをステレオネットを用いて
求めてみよう。

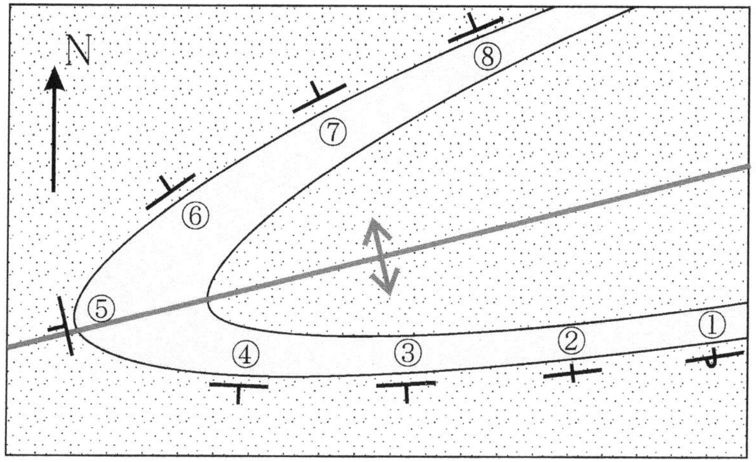

理想的な褶曲の場合、層理面の極は常に褶曲軸に
対して直交する。このことを利用して、先ず
プロットした全ての極をなるべく通る
ように大円Cを決める。この大円が示
す平面は求める褶曲軸に対して
垂直であるから、この面の
極Aが褶曲軸を表わし
ている。

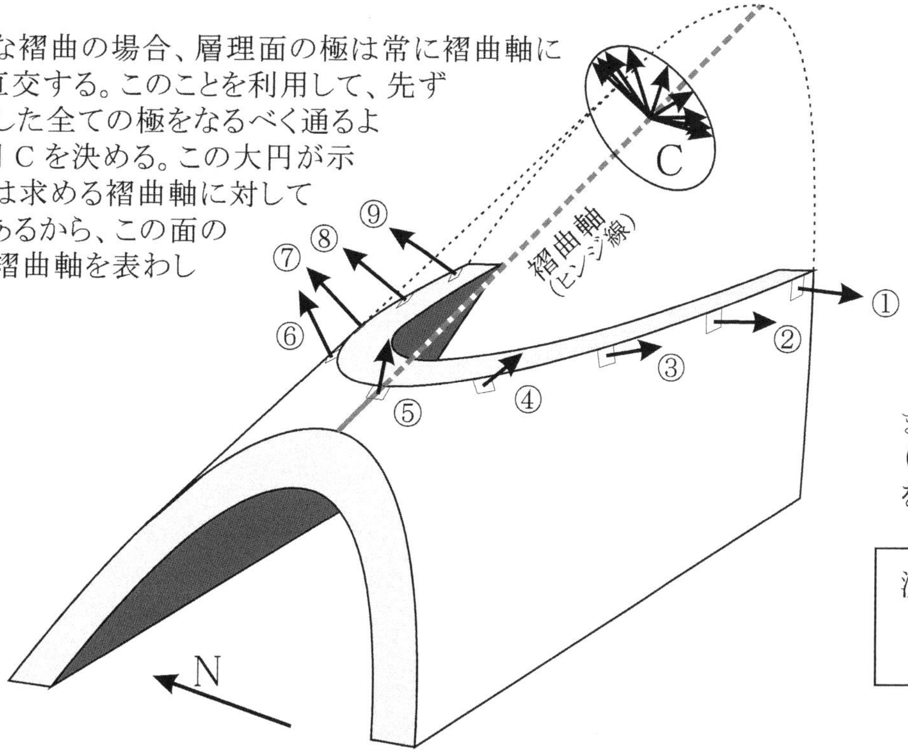

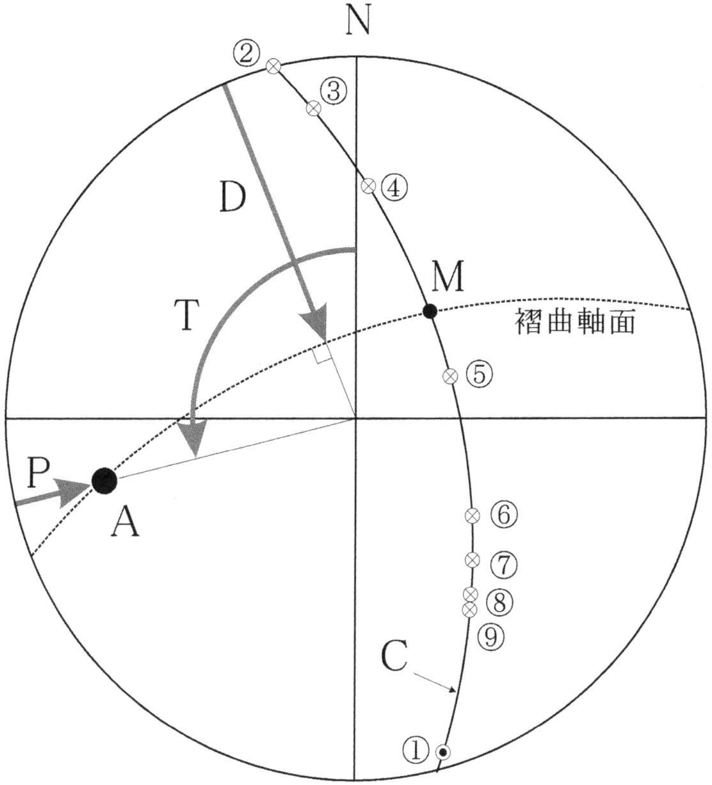

A: 褶曲（背斜）軸
T: 褶曲（背斜）軸のトレンド
P: 褶曲（背斜）軸のプランジ
D: 褶曲軸面の傾斜
※ プランジした非対称褶曲では、一般に、褶曲軸の
　 トレンドと軸面の走向は一致しないことに注意。

また、褶曲軸面を示す大円は、褶曲軸Aと、両翼部
（この場合は①と⑨）における層理面の極がなす角
を大円C上で二分する点Mの両方を通る。

演習問題 No.24 に示された褶曲に関して、褶曲軸
　　　のトレンド・プランジ、および褶曲軸面の
　　　傾斜をステレオネットを用いて求めよ。

33. 古流向の復元

層理面上に刻まれた堆積構造などから古流向を復元するためには、地層を形成された当時の水平な状態に戻さなければならない。

プランジの大きさが知られている褶曲では、先ず褶曲軸を水平にし、その後で、変換された層理面の走向方向の周りに地層を回転させて水平に戻す。この過程で層理面の極は①→②→③と移動する。これに対応して層理面上の線構造は④→⑤→⑥と移動して、古流向が復元される。

※ 左図には示されていないが、いうまでもなく①を極とする大円上に線構造④は位置している。
※ 移動は常に小円に沿って行なうこと。
※ プランジが確認できない場合には、直接走向周りの回転変換を行なう。

演習問題　No.24のA、B、およびCの各地点でフルートキャストを発見し、その方向を測定した。これらのデータから、古流向を復元せよ。（いずれも水が流れていった方向を示すものとする）

A地点　トレンドを計測、N143°E

B地点　プランジを計測、−15°S、ただしトレンドは南東向き

C地点　レイクを計測、14°、ただし、走向S50°Eに対して上からみて時計回りに計測

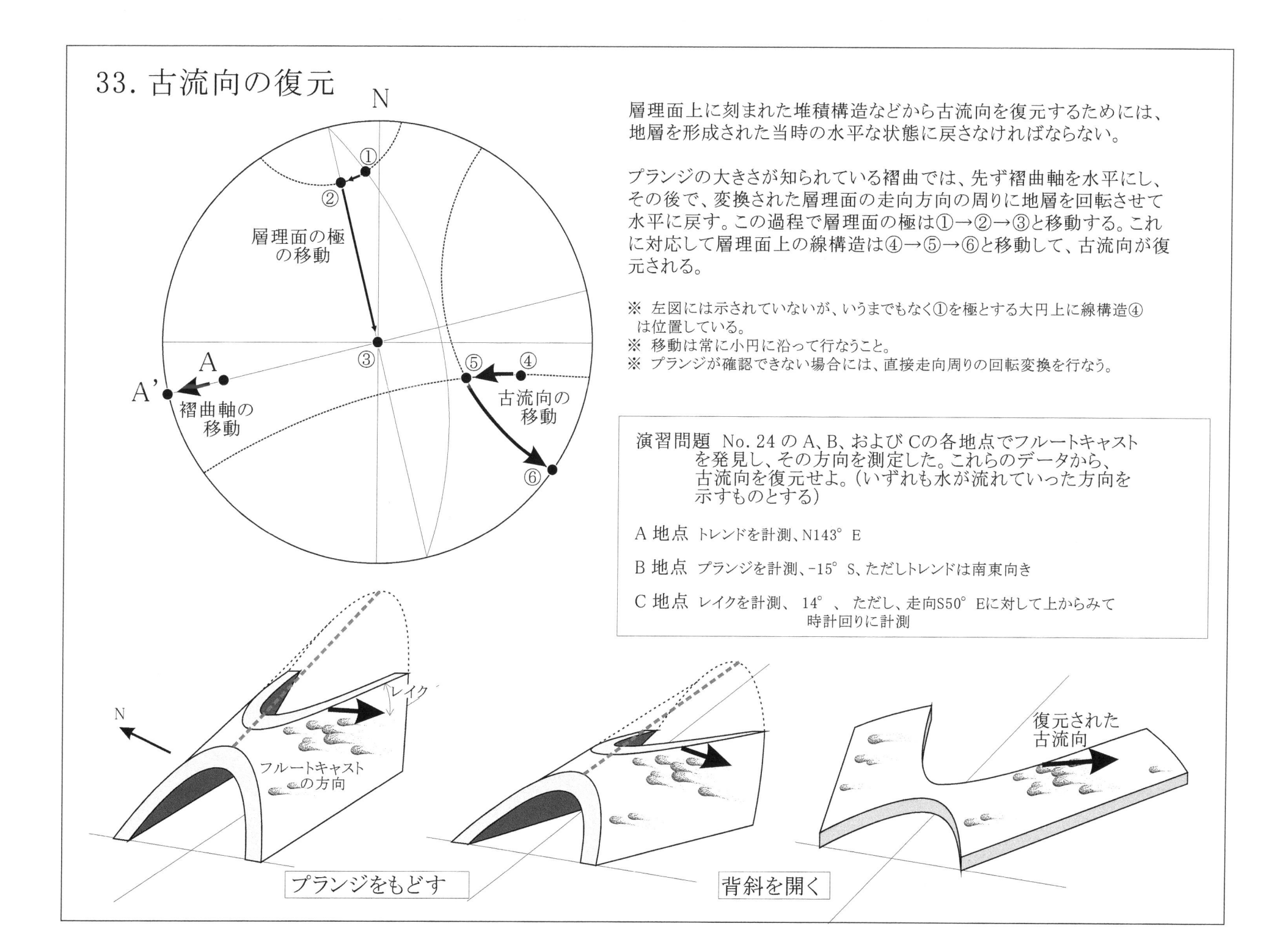

34-1. 岩相境界と等時間面

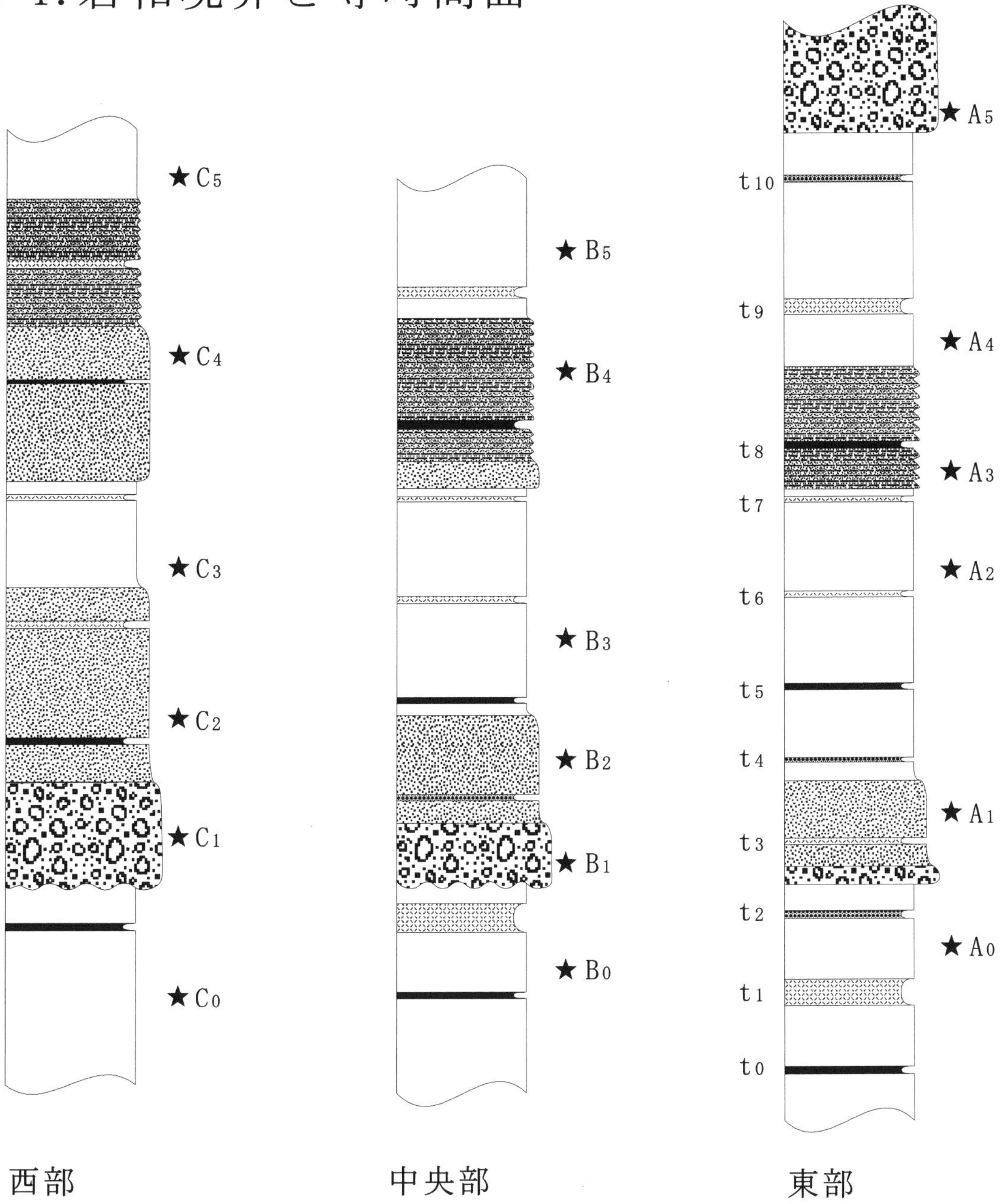

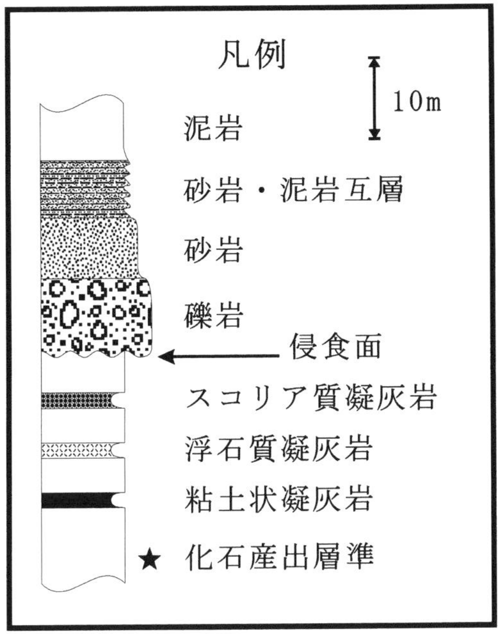

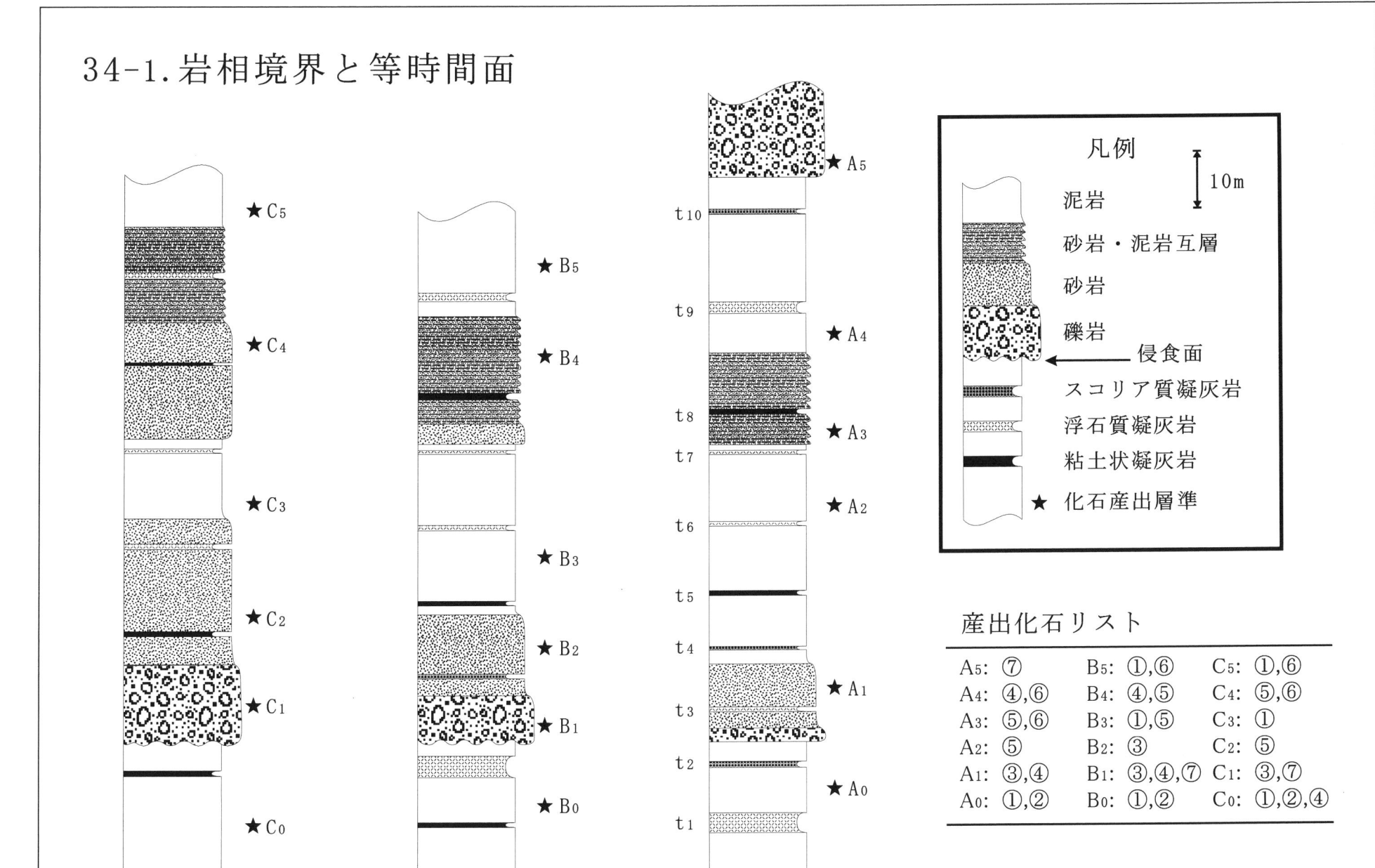

凡例

10m

泥岩
砂岩・泥岩互層
砂岩
礫岩
← 侵食面
スコリア質凝灰岩
浮石質凝灰岩
粘土状凝灰岩
★ 化石産出層準

産出化石リスト

A5: ⑦	B5: ①,⑥	C5: ①,⑥
A4: ④,⑥	B4: ④,⑤	C4: ⑤,⑥
A3: ⑤,⑥	B3: ①,⑤	C3: ①
A2: ⑤	B2: ③	C2: ⑤
A1: ③,④	B1: ③,④,⑦	C1: ③,⑦
A0: ①,②	B0: ①,②	C0: ①,②,④

西部　　　中央部　　　東部

左はある地域の西部・中央部・東部において作成された柱状図である。これらを岩相変化・凝灰岩に着目してそれぞれ対比せよ。

34-2. 岩相境界と等時間面

降下火山灰層（凝灰岩）は、地質学的時間尺度でみれば一瞬のうちに堆積したと見なせるので、等時間面を示すよい鍵層となる。岩相が垂直・水平方向へ変化していく様子を例に倣って模式的に描け。また、化石の産出状況を示す図（レンジチャート）を完成させよ。示準化石として有効と思われるものはどれか。

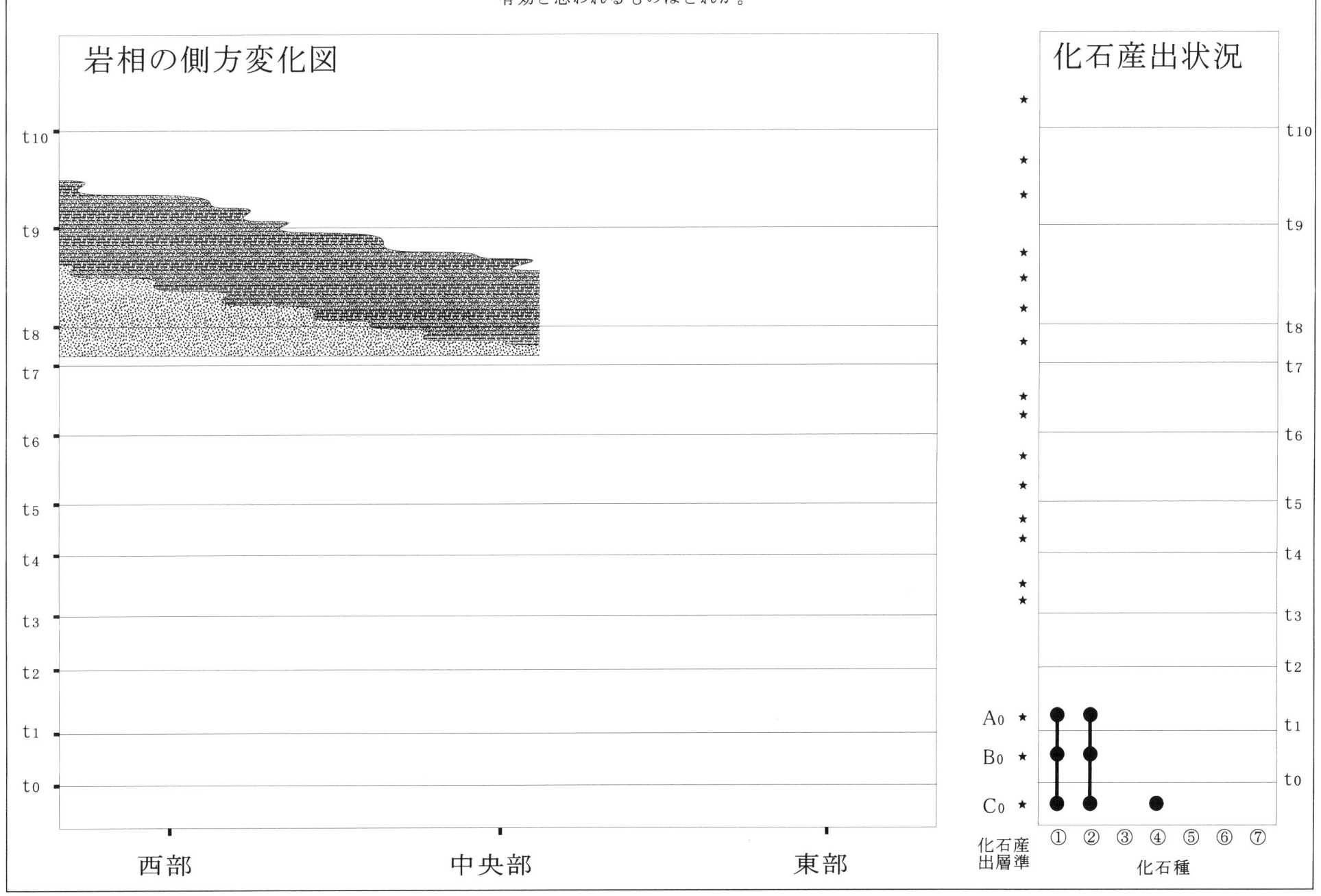

ルートマップ

　野外で得ることができる地質情報には、様々な精度を持つものがある。しかし、これらをひとたび数値や岩石名などに置き換えてしまうと、特別な努力なしには、もはやそれらの情報の持つ正確さの度合いは区別することができなくなってしまう。地質調査をする際にまず肝に命じるべきことは、自分のとるデータには常に誤差があり、また時には錯誤があり得るということを認識し、不確かなデータを他のより確からしいデータからいつでも区別できるようにしておくことである。データのとり方には決まった方法があるわけではないが、参考のため、筆者のひとりが実際に野外調査でルートマップを作る際に心掛けていることを下に列挙した。

① 　必ず地図上で正確に位置を特定できる場所を、ルートマップの起点・終点に設定する。日付、場所、天候を記入しておく。

② 　露頭は規模や形を模して描き、岩相は大まかに色分けして色鉛筆で記入する（色塗りも野外で行う）。細かい岩相や堆積構造などはできるだけ簡潔に独自の記号を用いて記入する。（スケッチ等を含む更に詳細な記載が必要な場合には、その旨の印を付けたうえで野帳を用いる）

③ 　通常、±1°以内の精度で走向・傾斜を測ることは困難である。そこで、通常のデータは偶数のみを用い、不確かなデータをとったときには奇数を用いて区別する。

④ 　走向・傾斜には必ず記号を用いる。このほうがより視覚的に把握しやすいためで、常に地質構造を考えながら調査を進めていくうえで不可欠である。地層の上下判定は、常にできるわけではない。そこで、順層の場合、逆転層の場合、そして判定ができなかった場合を区別する。（判定した場合のみ記号の傾斜を示す部分に矢印を入れる）

⑤ 　地図に載っている目印（沢の分岐、橋など）があれば必ず記入しておく。その他にも簡単には動きそうもない目印（小さな滝、倒木、中州など）を記入しておくと再調査の際に位置の特定がしやすい。

⑥ 　露頭なのか巨大な転石なのか区別ができないことがある。このような場合には○で囲んで区別しておく。後者であっても、供給源からそれほど離れてはいないはずである。（また、小さな谷では転石も重要な情報である）

⑦ 　上位に向かって進んでいるのか下位に向かっているのかが出来上がったルートマップから判別しにくい場合がある。このような恐れのあるときは上位の方向を矢印などで記しておく。

⑧ 　墨入れの際にも、鉛筆で書いたオリジナルの記述は消さない。

35-1. 柱状図の作り方

柱状図は、ある場所での地層の岩相と厚さが垂直にどのように変化しているのかを模式的に表わしたものである。

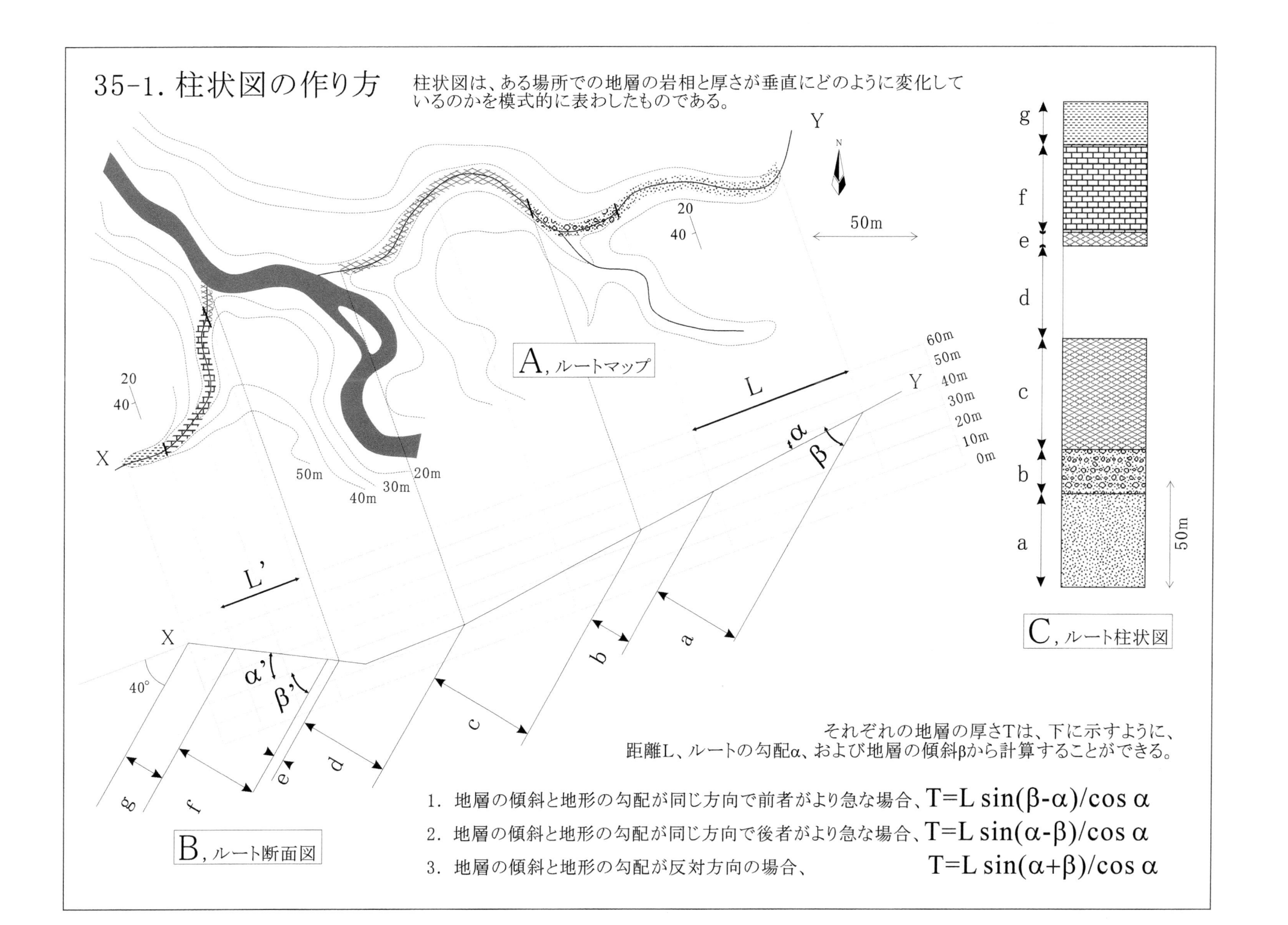

A, ルートマップ

B, ルート断面図

C, ルート柱状図

それぞれの地層の厚さTは、下に示すように、距離L、ルートの勾配α、および地層の傾斜βから計算することができる。

1. 地層の傾斜と地形の勾配が同じ方向で前者がより急な場合、$T = L \sin(\beta - \alpha) / \cos \alpha$
2. 地層の傾斜と地形の勾配が同じ方向で後者がより急な場合、$T = L \sin(\alpha - \beta) / \cos \alpha$
3. 地層の傾斜と地形の勾配が反対方向の場合、$T = L \sin(\alpha + \beta) / \cos \alpha$

35-2. 柱状図の作り方

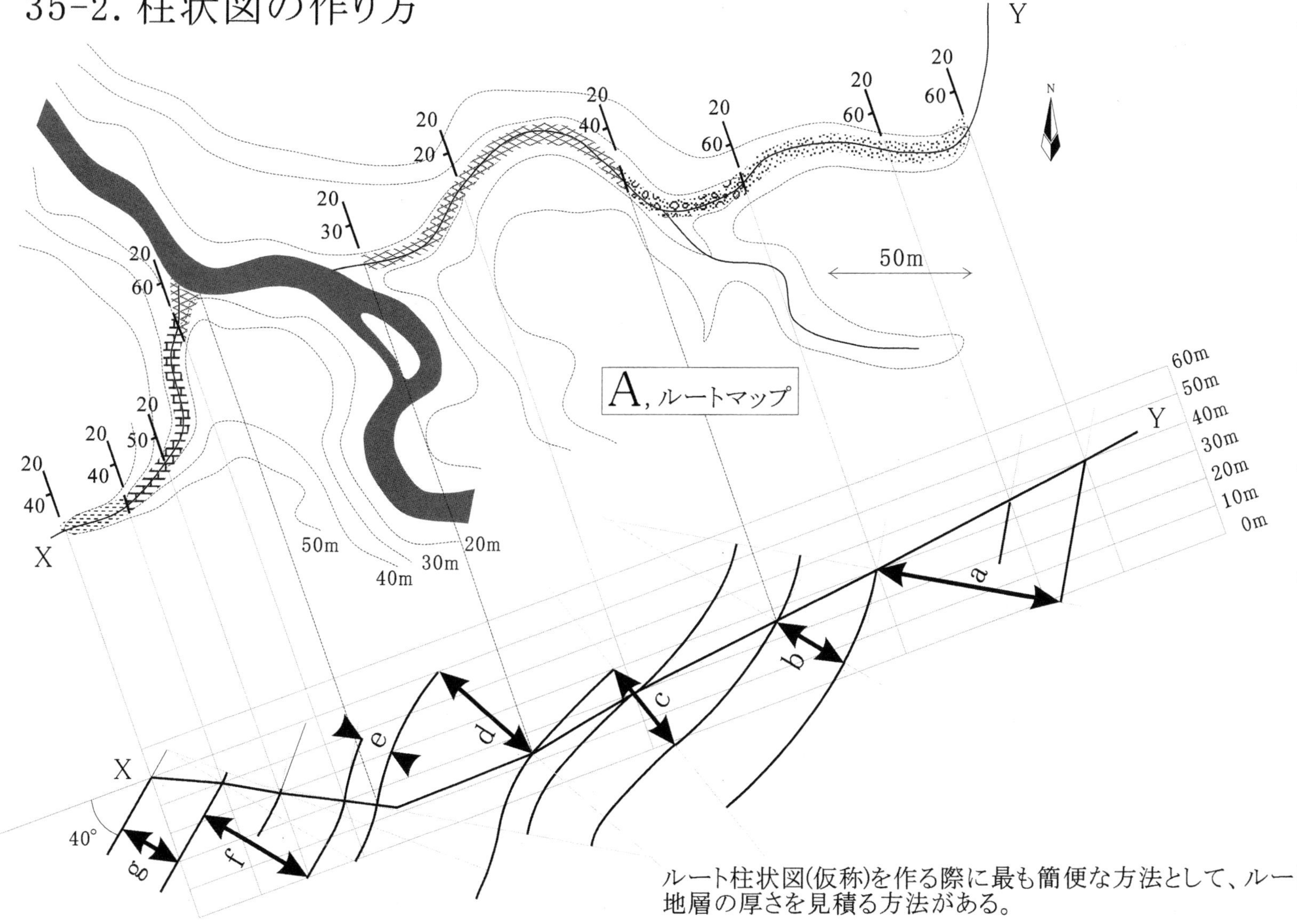

A, ルートマップ

50m

60m
50m
40m
30m
20m
10m
0m

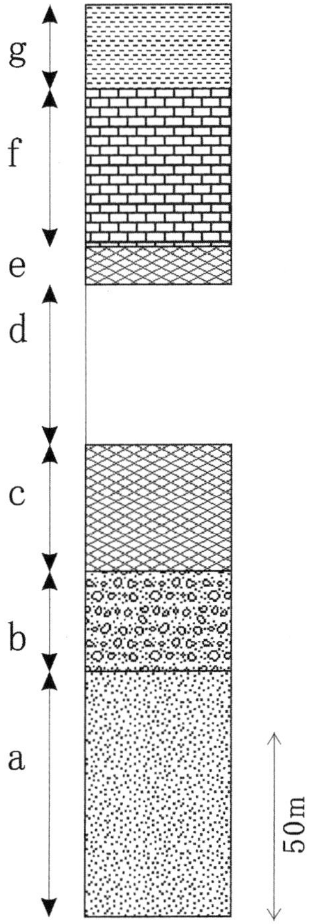

C, ルート柱状図

B, ルート断面図

ルート柱状図(仮称)を作る際に最も簡便な方法として、ルート断面を作図した上で地層の厚さを見積る方法がある。

1. ルートマップのデータを同スケールの地形図上に正確に転写する(図A)。
2. 走向が一致すると見なせる区間内X〜Yで、ルートに沿った地形断面、地層の境界およびその傾斜を走向と垂直な方向に投影し、模式的なルート断面図を作成する(図B)。
3. それぞれの地層(およびデータのない部分)の厚さa-gを断面図から測って柱状図を作成する(図C)。

36-1. ルート柱状図の対比

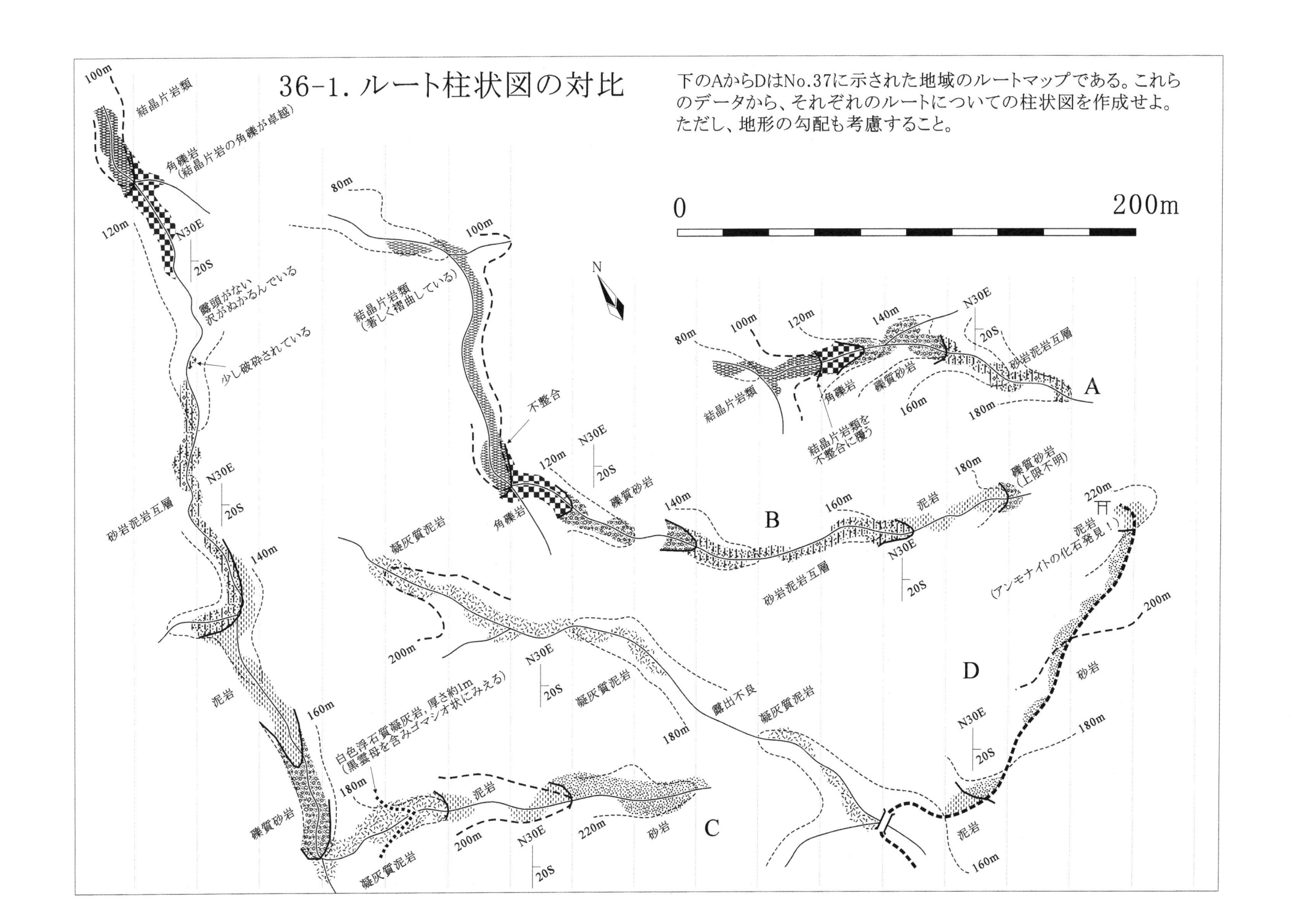

下のAからDはNo.37に示された地域のルートマップである。これらのデータから、それぞれのルートについての柱状図を作成せよ。ただし、地形の勾配も考慮すること。

36-2. ルート柱状図の対比

1. 同じ地域の他のルートEおよびFについても柱状図を作成せよ。ただし、ルートFでは断層が確認されているので、ここで柱状図を分離すること。

2. AからFまでの柱状図を対比してみよ。層序や層厚が合わない柱状図はないか？そのような場合には断層などの存在を見逃している可能性がある。ルートFで計測した断層のデータから、断層面を次ページの地形図上に作図してみよ。この断層を横断するルートはないか？もしあれば、断層が通っていると推定される位置で柱状図を分離したのちに、対比し直せ。

3. すべてのデータを合理的に解釈できたら、この地域の総合柱状図を作成し、完成した対比柱状図の横に並べて示せ。

4. これらを踏まえて、次ページに地質図を描け。

5. ルートDの東端の山頂付近に露出する泥岩層中からアンモナイト化石が産出した。しかし、露出状況が悪くこの付近ではさらなるサンプリングは望めない。この地域内で同じ時代の地層が露出していると推定される場所（ルート）はないか？

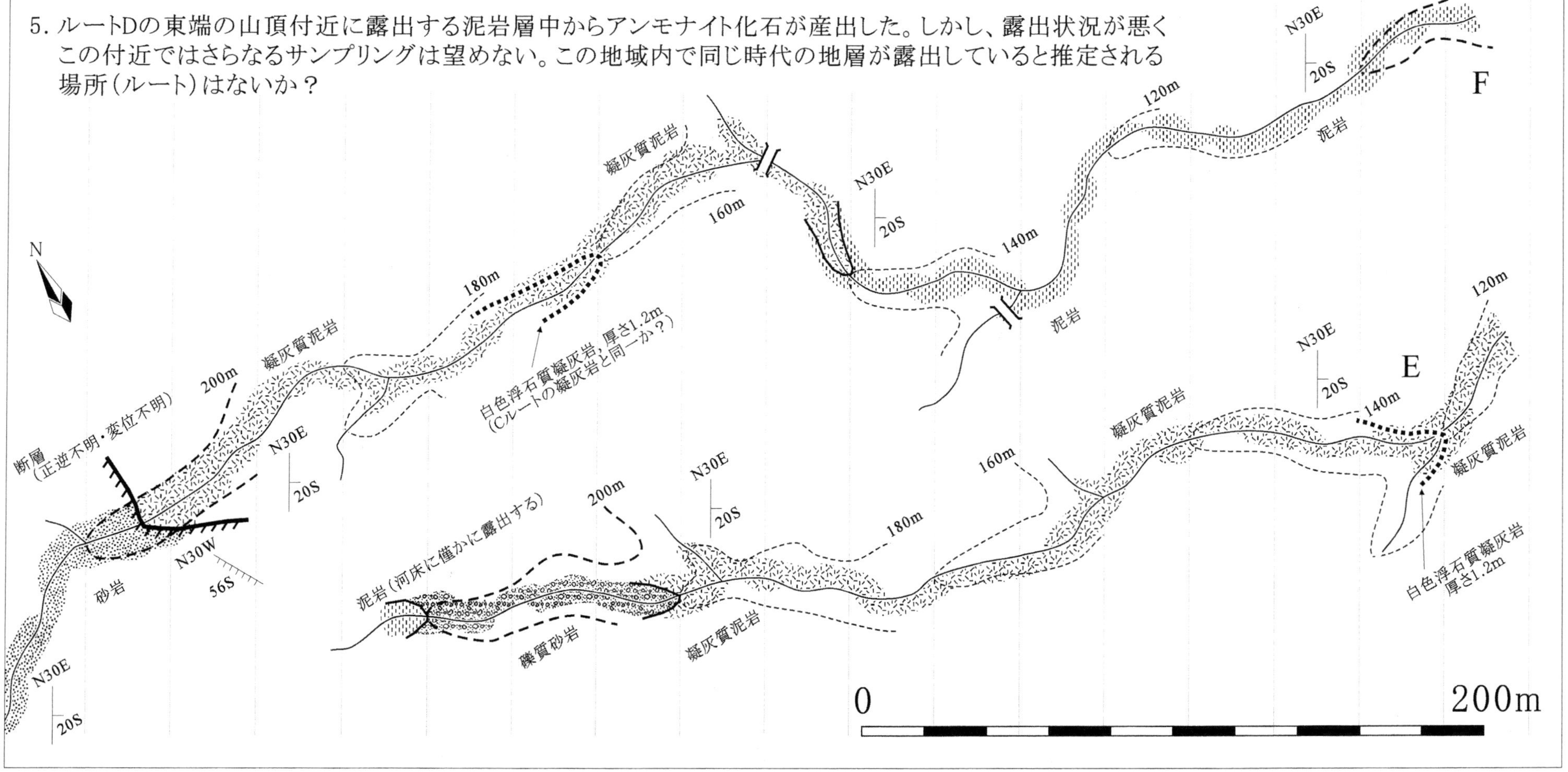

37. ルートマップから地質図へ

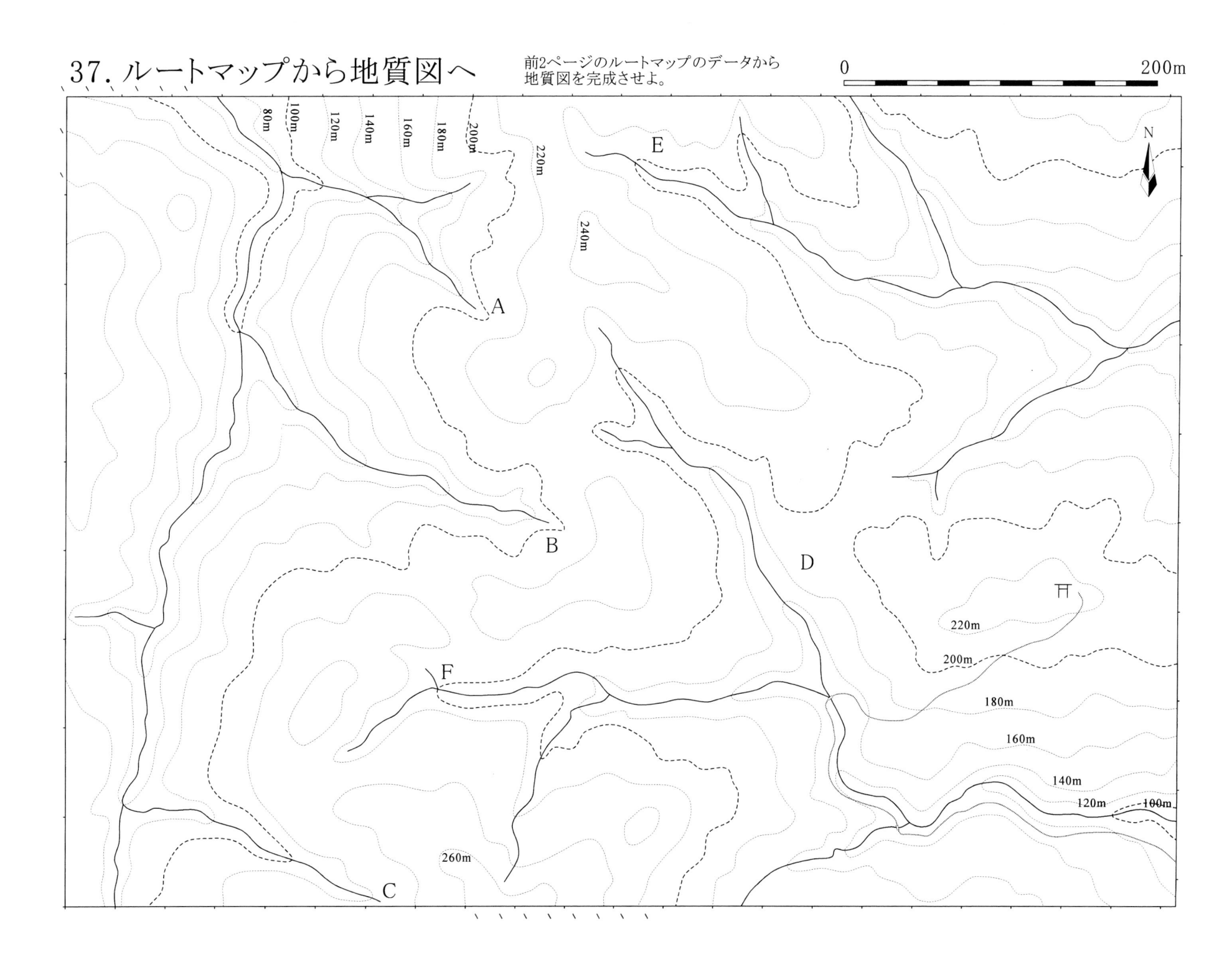

前2ページのルートマップのデータから地質図を完成させよ。

著者紹介

岡本　隆　おかもと たかし
1961年生まれ。東京大学大学院理学研究科地質学専攻修了。理学博士。
現在、愛媛大学大学院理工学研究科数理物質科学専攻准教授。専門は古生物学。

堀　利栄　ほりりえ
1961年生まれ。大阪市立大学大学院理学研究科地質学専攻修了。理学博士。
現在、愛媛大学大学院理工学研究科数理物質科学専攻教授。専門は層位・古生物学、地質学。

書　名	**地質図学演習**
コード	ISBN978-4-7722-5079-5　C3044
発行日	2003（平成15）年5月10日　　初版第1刷発行 2006（平成18）年5月20日　　　　第2刷発行 2011（平成23）年5月20日　　　　第3刷発行 2019（平成31）年1月20日　　　　第4刷発行 2023（令和 5）年3月20日　　　　第5刷発行
著　者	岡本　隆・堀　利栄 Copyright ©2003 OKAMOTO Takashi and HORI Rie S.
発行者	株式会社古今書院　橋本寿資
印刷所	株式会社カシヨ
製本所	株式会社カシヨ
発行所	**古今書院** 〒113-0021　東京都文京区本駒込5-16-3
電　話	03-5834-2874
ＦＡＸ	03-5834-2875
振　替	00100-8-35340
ＷＥＢ	http://www.kokon.co.jp/
	検印省略・Printed in Japan